鹅病诊治实操图解

席克奇　卢文慧　席　施　编著
张　爽　赵　岩　金婵婵

机械工业出版社
CHINA MACHINE PRESS

本书以"看图识病、类症鉴别、综合防治"为目的,从生产实际和临床诊治需要出发,结合笔者多年的临床教学和诊疗经验进行介绍,内容包括鹅病的感染与防控、鹅病毒性传染病的鉴别诊断与防治、鹅细菌性传染病的鉴别诊断与防治、鹅寄生虫病的鉴别诊断与防治、鹅营养代谢病的鉴别诊断与防治、鹅中毒性疾病的鉴别诊断与防治、鹅其他普通病的鉴别诊断与防治。

本书图文并茂,语言通俗易懂,内容简明扼要,注重实际操作,可供养鹅生产者及畜牧兽医工作人员使用,也可作为农业院校相关专业师生教学(培训)用书。

图书在版编目(CIP)数据

鹅病诊治实操图解 / 席克奇等编著 . 一北京:机
械工业出版社,2023.3
ISBN 978-7-111-72218-2

Ⅰ. ①鹅… Ⅱ. ①席… Ⅲ. ①鹅病–诊疗–图解
Ⅳ. ①S858.33–64

中国版本图书馆CIP数据核字(2022)第235539号

机械工业出版社(北京市百万庄大街22号 邮政编码100037)
策划编辑:周晓伟 高 伟 责任编辑:周晓伟 高 伟 刘 源
责任校对:史静怡 王 延 责任印制:常天培
北京宝隆世纪印刷有限公司印刷

2023年2月第1版第1次印刷
190mm×210mm·8印张·236千字
标准书号:ISBN 978-7-111-72218-2
定价:69.80元

电话服务   网络服务
客服电话:010-88361066   机工官网:www.cmpbook.com
        010-88379833   机工官博:weibo.com/cmp1952
        010-68326294   金 书 网:www.golden-book.com
封底无防伪标均为盗版   机工教育服务网:www.cmpedu.com

前 言

　　近年来，随着我国畜牧业的持续发展、人民生活水平的提高和崇尚绿色食品浪潮的高涨，以及国家为建设社会主义新农村对畜牧业尤其对草食动物养殖的政策性扶持，带动了养鹅业的大发展，饲养量逐年增加，饲养规模逐渐增大，形成了地区性养鹅产业，绝大多数的养鹅场和养殖大户都取得了较好的经济效益。但是，随着养鹅生产的不断发展，也增加了种鹅的流动性，为一些疫病的传播和流行创造了条件，尤其是饲养模式的改变，给养鹅生产带来了一些不可回避的问题，那就是疾病的流行更加广泛，多种疾病在同一个鹅场同时存在的现象十分普遍，混合感染十分严重，一些疾病出现了非典型和温和型，这一切都给养鹅场和养鹅大户的疾病防治提出了新问题，特别是很多疾病在临床上有很多相似的症状出现，给疾病的现场诊断带来很大困难。疾病发生后，迅速诊断是控制疾病的前提，尤其对于一些传染性疾病来讲，只有尽早做出诊断，及时采取有效措施，损失才能降到最小。基于这种现状，我们编写了本书，期望能对养鹅生产者有所帮助。

　　在本书编写过程中，力求图文并茂，语言通俗易懂，简明扼要，注重实际操作。本书重点介绍了鹅病的感染与防控、鹅病毒性传染病的鉴别诊断与防治、鹅细菌性传染病的鉴别诊断与防治、鹅寄生虫病的鉴别诊断与防治、鹅营养代谢病的鉴别诊断与防治、鹅中毒性疾病的鉴别诊断与防治、鹅其他普通病的鉴别诊断与防治等方面的内容，可供养鹅生产者及畜牧兽医工作人员参考，也可作为农业院校相关专业师生教学（培训）用书。

需要特别说明的是，本书所用药物及其使用剂量仅供读者参考，不可照搬。在生产实际中，所用药物学名、常用名和实际商品名称有差异，药物浓度也有所不同，建议读者在使用每一种药物之前，参阅厂家提供的产品说明以确认药物用量、用药方法、用药时间及禁忌等。购买兽药时，执业兽医有责任根据经验和对患病动物的了解决定用药量及选择最佳治疗方案。

本书在编写过程中，曾参考一些专家、学者撰写的文献资料，因篇幅所限，未能一一列出，在此表示感谢。

由于作者的理论和技术水平有限，书中不妥、错误之处在所难免，敬请广大读者批评指正。

编著者

目 录

前 言

第四章　鹅寄生虫病的鉴别诊断与防治

第五章　鹅营养代谢病的鉴别诊断与防治

第一章
鹅病的感染与防控

01

鹅病，尤其是一些传染性疾病和成批发生的营养代谢病，是养鹅业的大敌，如果疏于防范，往往会使整群乃至整个鹅场毁于一旦，造成重大的经济损失。因此，在养鹅生产中，必须贯彻"以预防为主"的方针，采取切实可行的措施，确保鹅群健康无病，高产稳产。

一、病原微生物

传染病是由人们肉眼看不见而具有致病性的微小生物——病原微生物引起的，它们包括病毒、细菌、支原体、真菌及衣原体等。

1. 病毒

病毒是很小的微生物，一般圆形病毒的直径为几十至一百多纳米，必须用电子显微镜放大数万倍才能观察到。

病毒不能独立进行新陈代谢，每种病毒必须寄生在对其具有易感性的动物、植物或微生物的活细胞内，才能正常的生存和繁殖。由病鹅消化道、呼吸道及羽囊等排出的各种病毒，都是释放在细胞之外的，它们在自然界中不能繁殖，但能存活数十天至数百天之久，当有机会侵入鹅体时，又在细胞内繁殖，引起疾病。

病毒有耐冷怕热的共性，温度越低，存活越久，但在高热环境中存活的时间很短。如腺病毒，在-15℃和0℃至少可以分别保存36个月和20个月；但80℃5分钟或煮沸（96℃）10秒钟即可使病毒失活。不同病毒对酸、碱、日光、紫外线及各种消毒剂有不同的耐受力，但大多数不能耐受碱和长时间（半小时以上）的日光直射。

病毒性鹅病与细菌性鹅病的一个不同之处，是前者用疫苗预防的效果比较好，但一般来说没有特效药物可以治疗。抗生素及磺胺类药物的作用是破坏细菌的新陈代谢，而病毒靠寄生生存，没有自身的代谢，因而不受这些药物的影响。能够进入细胞杀灭病毒而又不损害细胞的化学药品，研制难度大，仅取得有限的进展。有些病毒性鹅病可以用高免血清治疗，虽有特效，但费用昂贵，一般只能用于某些种鹅。

2. 细菌

细菌是单细胞的微生物，直径或长度一般为几微米到几十微米，用普通光学显微镜放大1000多倍可以观察。依细菌的形态可分为球菌、杆菌和螺旋菌3种类型，有些球菌和杆菌在分裂之后，仍有一般显微镜下看不到的原浆带相连，从而排列成一定形态，分别称为双球菌、链球菌、葡萄球菌、链状杆菌等。

细菌与病毒不同，它能独立进行新陈代谢。只要有适宜的温度、湿度、酸碱度及营养等条件，细菌就可以大量地分裂繁殖。例如，大肠杆菌在适宜条件下，每20分钟左右就分裂1次。一般病原菌在10~45℃的温度下都可以繁殖，以37℃最为适宜。当外界环境不利时，细菌会减缓乃至停止繁殖，但能较长时间的存活，待环境有利时再恢复繁殖。

有些细菌能在细胞壁外面形成肥厚的胶状物，包裹整个菌体，这种胶状物称为荚膜，它具有抵抗动物细胞的吞噬和消除抗体的作用，从而增强细菌的致病能力。还有些杆菌在外界环境不利时能形成一种有坚实厚壁的圆形或椭圆形囊状结构，称为芽孢，可大大增强对高温、干燥及消毒药的抵抗力。能否形成荚膜和芽孢及芽孢呈现什么形态是菌种的特征，因而是鉴别细菌的依据之一。

细菌可以在人工培养基上进行培养，在固体培养基上培养时，细菌大量繁殖所形成的肉眼可见的聚集物称为菌落，不同细菌的菌落呈不同形态，这也是鉴别细菌和诊断传染病的依据之一。

鹅的细菌性传染病都可以用药物进行预防和治疗，但除禽霍乱外，没有可供免疫接种的菌苗，禽霍乱（鹅巴氏杆菌病）菌苗的效果也不够理想，仅在必要时使用。

3. 支原体

支原体也叫霉形体，其大小介于细菌和病毒之间，结构比细菌简单，但能独立生存。支原体没有真性细胞壁，只有极薄的胞质膜，不足以保持固定形态，因而呈多形性，如球形、杆形、星形、螺旋形等。多种抗生素如土霉素、金霉素对支原体有效，但青霉素的作用是破坏细胞壁的合成，而支原体并无真性细胞壁，所以青霉素对支原体无效。

4. 真菌

真菌包括担子菌、酵母菌和霉菌，一般担子菌、酵母菌对动物无致病性，霉菌种类繁多，对鹅有致病性的主要是某些霉菌，如烟曲霉菌使饲料、垫料发霉，引起鹅的曲霉菌病，黄曲霉菌常使花生饼变质，喂鹅后引起鹅中毒。

霉菌的形态是细长的菌丝，有很多分枝，各执行不同功能。一些菌丝肉眼看不到，大量菌丝聚在一起呈丝绒状，是人们所常见的。

霉菌能够进行独立的新陈代谢，在温暖（22~28℃）、潮湿和偏酸性（pH4~6）的环境中繁殖很快，并可产生大量的孢子浮游在空气中，易被鹅吸入肺部。一般消毒药对霉菌无效或效力甚微。

5. 衣原体

衣原体是一种介于病毒和细菌之间的微生物，生长繁殖的一定阶段寄生在细胞内，对抗生素敏感。

二、传染病的传播

某些病原微生物侵入鹅体后，在鹅体内生长繁殖，损伤鹅体组织，扰乱其生理机能而引起疾病。这种疾病可由 1 只病鹅传染给同群的其他健康鹅，也可由 1 个鹅群传染给其他鹅群而发生同样的疾病，因而称为传染病。

鹅传染病的传播扩散，必须具备传染源、传播途径和易感鹅群 3 个基本环节，如果打破、切断和消除这 3 个环节中的任何一个环节，这些传染病就会停止流行（图 1-1）。

1. 传染源

传染源即病原微生物的来源。主要传染源是病鹅和带菌（毒）的鹅，病鹅不仅体内有病原微生物繁殖，而且通过各种排泄物将病原微生物排出体外，传播扩散，使健康鹅发生传染病。但带菌（毒）的隐性感染鹅，由于缺乏病症，不被人们注意，往往会被认为是健康鹅，这样就潜伏了极大危险，易造成大面积传染。另外，患传染病的鹅尸体处理不当，带菌（毒）的鸟、鼠

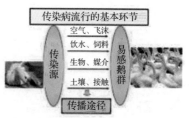

图 1-1　鹅传染病的传染

等，也是散播病原微生物的重要传染源。

2. 传播途径

鹅传染病的病原微生物，由传染源向外传播的途径有 3 种，即垂直传播、孵化器内传播和水平传播。

（1）垂直传播 也叫经蛋传递，是种鹅感染了（包括隐性感染）某些传染病时，体内的病菌或病毒能侵入种蛋内部，传播给下一代雏鹅，能垂直传播的鹅病有鹅副伤寒、支原体病、脑脊髓炎、大肠杆菌病等。

（2）孵化器内传播 孵化器内的温度、湿度非常适宜细菌繁殖。蛋壳上的气孔比一般细菌大数倍，所以有鞭毛、能运动的病菌，特别是鹅沙门菌、大肠杆菌等，当其存在于蛋壳表面时，在孵化期间即侵入蛋内，使胚胎感染。另外，一些存在于蛋壳表面的病毒和细菌，虽然一般不进入蛋内，但雏鹅刚一出壳，即由呼吸道等门户入侵。在出雏器内，带病出壳的雏鹅与健康雏鹅接触，也会造成传染，鹅副伤寒和脑脊髓炎等除垂直传播外，还可在出雏器内进一步扩散。

（3）水平传播 也叫横向传播，是指病原微生物通过各种媒介在同群鹅之间和地区之间的传播。这种传播方式面广量大，媒介物也很多。同群鹅之间的传播媒介主要是饲料、饮水、空气中的飞沫与灰尘等，远距离传播的媒介通常是鹅舍内清除出去的垫料和粪便、运鹅运蛋的器具和车辆、在各鹅场间周转的饲料包装袋及工作人员的衣物等。

3. 鹅的易感性

病原微生物仅是引起传染病的外因，它通过一定的传播途径侵入鹅体后，是否导致发病，还要取决于鹅的内因，也就是鹅的易感性和抵抗力。鹅由于品种、日龄、免疫状况及体质强弱等不同，对各种传染病的易感性有很大差别。例如，在日龄方面，雏鹅对鹅副伤寒、脑脊髓炎等病易感性高，成年鹅则对巴氏杆菌病易感性高；在免疫状况方面，鹅群接种过某种传染病的疫苗或菌苗后，产生了对本病的免疫力，易感性即大大降低。当鹅群对某种传染病处于易感状态时，如果体质健壮，也有一定的抵抗力。

三、传染病的感染与发病

1. 感染的类型

某种病原微生物侵入鹅体后，必然引起鹅体防卫系统的抵抗，其结果必然出现以下三种情况：

一是病原微生物被消灭，没有形成感染；二是病原微生物在鹅体内的一定部位定居并大量繁殖，引起病理变化和症状，也就是引起发病，称为显性感染；三是病原微生物与鹅体内防卫力处于相对平衡状态，病原微生物能够在鹅体某些部位定居，进行少量繁殖，有时也引起比较轻微的病理变化，但没有引起症状，也就是没有引起发病，称为隐性感染。有些隐性感染的鹅是健康带菌、带毒者，会较长时期排出病菌、病毒，成为易被忽视的传染源。

2. 发病过程

显性感染的过程，可分为以下 4 个阶段。

（1）**潜伏期**　病原微生物侵入鹅体后，必须繁殖到一定数量才能引起症状，这段时间称为潜伏期。潜伏期的长短，与入侵的病原微生物毒力、数量及鹅体抵抗力强弱等因素有关。如小鹅瘟的潜伏期，一般为 3~5 天，其最大范围为 2~10 天。

（2）**前驱期**　此时是鹅发病的征兆期，表现出精神不振、食欲减退、体温升高等一般症状，尚未表现出特征性症状。前驱期一般只有数小时至 1 天多。某些最急性的传染病如急性禽霍乱等，没有前驱期。

（3）**明显期**　此时鹅的病情发展到高峰阶段，表现出病的特征性症状。前驱期与明显期合称为病程。急性传染病的病程一般为数天至 2 周左右。慢性传染病则可达数月。

（4）**转归期**　即病程发展到结局阶段，病鹅有的死亡，有的恢复健康。康复鹅在一定时期内对本病具有免疫力，但体内仍残存并向外排放本病的病原微生物，成为健康带菌或带毒鹅。

四、鹅病的诊断

诊断的目的是尽早地认识疾病，以便采取及时而有效的防治措施。只有及时正确的诊断，防治工作才能有的放矢，使鹅群病情得以控制，免受更大的经济损失。鹅病的诊断主要从以下 6 方面着手。

1. 流行病学调查

有许多鹅病的临床表现非常相似，甚至雷同，但各种病的发病时机、季节、传播速度、发展过程、易感日龄、鹅的品种、性别及对各种药物的反应等方面各有差异，这些差异对鉴别诊断有非常重要的意义。如一般进行某些预防接种的，在接种免疫期内可排除相关的疫病。因此，在发生疫情时要进行流行病学调查，以便结合临床症状和化验结果，最后确诊。

2. 临床诊断

（1）现场观察　首先观察了解周围环境，并着重观察鹅群在自然管理条件下，管理措施、饲养方式、垫料、换气、温度、光线、饮水、饲料、饲槽、饲养密度等。然后再仔细观察鹅群，即站在鹅舍内一角，不惊扰鹅群，静静窥视鹅群的生活状态，寻求各种异常表现，为进一步诊断提供线索（图1-2～图1-5）。

（2）病鹅个体检查　对整群鹅进行观察之后，再挑选出各种不同类型的病鹅进行个体检查。个体检查的具体方法是：用右手抓住两翅的根部，使鹅头向上抬起，固定好后，开始做系统检查。先检查眼睛、口腔、鼻孔有无异常分泌物，黏膜是否苍白、充血、出血，口腔与喉头部有无伪膜或异物存在（图1-6）。然后触摸胸部、腹部、腿部肌肉是否丰满（图1-7），并观察关节、骨骼有无肿胀等（图1-8）。最后检查被毛是否清洁、紧密、有光泽，并视检泄殖腔周围及腹下绒毛是否有粪污。用手拨开翅下、背部及腿间绒毛，检查皮肤的色泽、外伤、肿块及寄生虫等。

3. 病理解剖检查

患各种疾病死亡的鹅，一般都有一定的病理变化，而且多数疾病具有示病性剖检变化。所以，通过病理剖检从中发现具有代表性的有诊断意义的特征性病变（图1-9），依据这些病变即可做出初

图1-2　鹅群检查

图1-3　健康鹅群

图1-4　发病鹅群精神沉郁

图1-5　发病鹅群精神沉郁，垂头缩颈

图1-6　鹅头部检查

图1-7　鹅胸部、腹部检查

图1-8　观察关节是否肿大

图1-9　病鹅病理剖检

步诊断。在剖检前要注意观察病死鹅羽毛有无光泽，是否整洁、紧凑，有无脱落；营养状况如何，皮肤、翅、腿有无肿胀、外伤、结痂、寄生虫；眼、鼻、口腔有无分泌物流出，脸部是否肿胀；肛门周围有无粪便污染。然后打开腹腔，取出各种内脏器官，剖检并详细观察各器官的色泽，有无肿胀、出血、坏死、化脓、溃疡及肠道内容物的变化等（图 1-10 ～图 1-25）。

图 1-10　病鹅口腔黏膜检查

图 1-11　病鹅食道黏膜检查

图 1-12　病鹅腺胃检查

图 1-13　病鹅肌胃检查

图 1-14　病鹅肠道检查

图 1-15　病鹅肝脏检查

图 1-16　病鹅胰腺检查

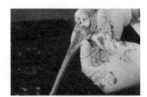
图 1-17　病鹅气管、喉头检查

图 1-18　病鹅气囊检查

图 1-19　病鹅心脏检查

图 1-20　病鹅肺检查

图 1-21　病鹅脾脏检查

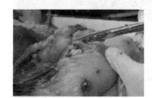
图 1-22　病鹅法氏囊检查

图 1-23　病鹅皮下及肌肉检查

图 1-24　病鹅关节检查

图 1-25　病鹅关节腔检查

4. 实验室诊断

在流行病学诊断、现场诊断和病理学诊断的基础上，对某些疑难病症，特别是传染病，必须配合实验室诊断（图1-26）。根据检测的病原不同，可采用不同的检测方法，如抹片镜检、接种培养基或鸡胚，或采用红细胞凝集试验和红细胞凝集抑制试验对病原进行鉴定。

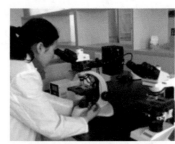

图1-26　实验室诊断

5. 药物诊断

使用药品治疗疾病，有的效果很好，非常理想；有的疗效不明显；有的无疗效，病情越来越重。如用青霉素治疗小鹅瘟完全无效，而用青霉素治疗禽霍乱却有效。这也给诊断提供了依据。

6. 鉴别诊断

随着养鹅生产的发展，鹅病的临床表现和病理变化变得错综复杂，给临床诊断带来了一定的困难。对于小型鹅场而言，在鹅病诊断中，鉴别诊断相对难度较大，但非常重要，必须给予高度重视。要根据病原特性、流行特点、临床症状、病理特征，认真分析，仔细梳理，从可能会发生的多种疾病中逐一排除，最后做出正确诊断。

五、鹅的投药方法

在养鹅生产中，为了促进鹅群生长、预防和治疗某些疾病，经常需要进行投药。鹅的投药方法很多，大体上可分为3类，即全群投药法、个体给药法和种蛋及鹅胚给药法。

1. 全群投药法

（1）混水给药　将药物溶解于水中，让鹅自由饮用（图1-27）。此法常用于预防和治疗鹅病，尤其是适用于已患病、采食量明显减少而饮水状况较好的鹅群。投喂的药物应该是较易溶于水的药片、药粉和药液，如葡萄糖、高锰酸钾、四环素、卡那霉素、吉他霉素、磺胺二甲嘧啶、亚硒酸钠等。

应用混水给药时还应注意以下几个问题。

1）对油剂（如鱼肝油等）及难溶于水的药物（如制霉菌素、红霉素），不能采用此法给药。

图1-27　混水给药

2）对微溶于水且又易引起中毒的药物片剂，要充分研细，然后溶于水中，使之成为悬浮液。

3）对于其水溶液稳定性较差的药物，如青霉素、金霉素、土霉素等，要现用现配，一次配用时间不宜超过8小时。为了保证药效，最好在用药前停止供水1~2小时，然后再喂给药液，以便鹅群在较短时间内将药液饮完。

4）要准确掌握药物的浓度。用药混水时，应根据"毫克/千克"或"%"首先计算出全群鹅所需药量，并严格按比例配制符合浓度的药液。"毫克/千克"代表百万分率，例如，125毫克/千克就是百万分之125，等于每千克水中加入125毫克药物或每吨水中加入125克药物。如果将"毫克/千克"换算成"%"（百分数），把小数点向左移4位即可，例如500毫克/千克＝0.05%。

5）应根据鹅的可能饮水量来计算药液量。鹅的饮水量多少与其品种、饲养方法、饲料种类、季节及气候等因素紧密相关，生产中要给予考虑。如冬天饮水量一般减少，配给药液就不宜过多；而夏天饮水量增加，配给药液必须充足，否则就会造成部分鹅只饮水过少，影响药效。

（2）混料给药 将药物均匀混入饲料中，让鹅吃料时能同时吃进药物（图1-28）。此法简便易行，切实可靠，适用于长期投药，是养鹅中最常用的投药方式。适用于混料的药物比较多，尤其对一些不溶于水且适口性差的药物，采用此法投药更为恰当，如土霉素、复方磺胺甲噁唑、氯苯胍、微量元素、多种维生素、鱼肝油等。

应用混药给料时应注意以下几个问题。

1）药物与饲料的混合必须均匀，尤其对一些易产生不良反应的药物。如磺胺类药物及某些抗寄生虫药物等，更要特别注意。常用的混合方法是将药物均匀混入少量饲料中，然后将含有全部药量的

图1-28　混料给药

部分饲料与大批量饲料混合。大批量饲料混药，还需多次逐步递增混合才能达到混合均匀的目的。这样才能保证饲喂时每只鹅都能服入大致等量的药物。

2）要注意掌握饲料中药物的浓度。混料的浓度与混水的浓度虽然都用"毫克/千克"或"%"表示，但饲料中的药物浓度不能当作溶液中的药物浓度，因为混水比混料的药物浓度往往要高。如吉他霉素，混料浓度为110~330毫克/千克，而混水的浓度却为250~500毫克/千克。但对鹅易产生毒性的药物（如磺胺类药），其混水量往往比混料量低。例如，磺胺嘧啶，用于治疗时混料浓度为0.2%，而混水的浓度为0.1%。

3）药物与饲料混合时，应注意饲料中添加剂与药物的关系。如长期应用磺胺类药物则应补给维生素 B_1 和维生素 K，应用氨丙啉时则应减少维生素 B_2 的投放量。

（3）**气雾给药** 气雾给药是指让鹅只通过呼吸道吸入药物或使药物作用于皮肤黏膜的一种给药方法。这里只介绍通过呼吸道吸入方式。由于鹅的肺泡面积很大，并具有丰富的毛细血管，因而应用此法给药时，药物吸收快，作用出现迅速，不仅能起到局部作用，也能经肺部吸收后出现全身作用。采用气雾给药时应注意以下几个问题。

1）要选择适用于气雾给药的药物。要求使用的药物对鹅呼吸道无刺激性，而且又能溶解于其分泌物中，否则不能吸收。如对呼吸系统有刺激性，则易造成炎症。

2）要控制气雾微粒的细度。气雾微粒越小，进入肺部越深，但在肺部的保留率越差，大多易随呼气排出，影响药效。若气雾微粒较大，则大部分落在上呼吸道的黏膜表面，未能进入肺部，因而吸收较慢。一般来说，进入肺部的气雾微粒的直径以 0.5~5.0 微米为宜。

3）要掌握药物的吸湿性。要使气雾微粒到达肺的深部，应选择吸湿性慢的药物；要使气雾微粒分布在呼吸系统的上部，应选择吸湿性快的药物，因为具有吸湿性的药物粒子在通过湿度很高的呼吸道时，其直径能逐渐增大，影响药物到达肺泡。

4）要掌握气雾剂的剂量。同一种药物，其气雾剂的剂量与其他剂型的剂量未必相同，不能随意套用。

（4）**外用给药** 此法多用于鹅的外表，以杀灭体外寄生虫或微生物，也常用于消毒鹅舍、周围环境和用具等。采取外用给药时应注意以下几个问题。

1）要根据应用的目的选择不同的外用给药法。如对体外寄生虫可采用喷雾法，将药液喷雾到鹅体、产蛋箱；杀灭体外微生物则常采用熏蒸法。

2）要注意药物浓度。抗寄生虫药物和消毒药物对寄生虫或微生物具有杀灭作用，但往往也对鹅体有一定的毒性，如应用不当、浓度过高，易引起中毒。因此，在应用易引起毒性反应的药物时，不仅要严格掌握浓度，还要事先准备好解毒药物。如用有机磷杀虫剂时，应准备阿托品等解毒药。

3）用熏蒸法杀死鹅体外微生物时，要注意熏蒸时间。用药后要及时通风，避免对鹅体造成过度刺激，尤其对雏鹅更要特别注意。

2. **个体给药法**

（1）**口服法（灌药）** 凡水剂、片剂、丸剂、胶囊及粉剂都可采用此给药法。具体可采取以下方法，即用左手食指伸入鹅的舌基部，将舌尽量拉出，并与拇指配合将舌固定在下颚上，右手即将药物投入，此法适用于片剂、丸剂、胶囊及粉剂。也可用左手抓住鹅头部皮肤使之向后仰，当喙张开时，右手将药物投入（图1-29），此法比较适用于剂量较小的水剂药物。

图 1-29 口服给药法

对剂量较大的水剂，可用细塑料管插入食管后，另一头装上吸有药液的注射器，慢慢推入食管内。

口服法的优点是给药剂量准确，并能让每只鹅都服入药物。但是，此法花费人工较多，而且较注射给药吸收慢。

（2）**静脉注射法** 此法可将药物直接送入血液循环中，因而药效发挥迅速，适用于急性严重病例和对药量要求准确及药效要求迅速的病例。另外，需要注射某些刺激性药物及高渗溶液时，也必须采用此法，如注射氯化钙、肿剂等。

静脉注射的部位是翅下静脉基部。其方法是：助手用左手保定鹅，右手拉开翅膀，让腹面朝上。术者左手压住静脉，使血管充血，右手握好注射器将针头刺入静脉后顺好，见回血后放开左手，把药液缓缓注入即可。

（3）**肌内注射法** 肌内注射法的优点是药物吸收速度较快，药物的作用也比较稳定。肌内注射的部位有翅根内侧肌肉、胸部肌肉和腿部外侧肌肉。

1）胸肌注射。术者左手抓住鹅两翅根部，使鹅体翻转，腹部朝上，头朝术者左前方。右手持注射器，由鹅后方向前，并与鹅腹面保持45度角，插入鹅胸部偏左侧或偏右侧的肌肉1~2厘米（深度依鹅龄大小而定），即可注射（图1-30）。胸肌注射要注意针头应斜刺肌肉内，不得垂直深刺，否则会损伤肝脏造成出血死亡。

图1-30 胸肌注射

2）翅肌注射。如为大鹅，则将其一侧翅向外移动，即露出翅根内侧肌肉。如为幼雏，可将鹅体用左手捉住，一侧翅夹在食指与中指中间，并用拇指将其头部轻压，右手握注射器即可将药物注入该部肌肉。

3）腿肌注射。一般需有人保定或术者呈坐姿，左脚将鹅两翅踩住，左手食、中、拇指固定鹅的小腿（中指托，拇、食指压），右手握注射器即可进行肌内注射（图1-31）。

图1-31 腿肌注射

（4）**皮下注射法** 皮下注射的优点是药物容易吸收。可采用颈部皮下、胸部皮下和腿部皮下等部位注射，是预防接种时常用的方法之一。应用皮下注射时药物剂量不宜太大，且无刺激性。注射的具体方法是由助手抓鹅或术者左手抓鹅（成年鹅体形较大，最好2人操作），并用拇指、食指捏起注射部位的皮肤，右手持注射器沿皮肤皱褶处刺入针头，然后推入药液（图1-32）。

（5）**嗉囊注射法** 要求药量准确的药物（如抗体内寄生虫药物），或

图1-32 皮下注射

对口咽有刺激性的药物，或对有暂时性吞咽障碍的病鹅，多采用此法。其操作方法是：术者站立，左手提起鹅的两翅，使其身体下垂，头朝向术者前方；右手握注射器针头由上向下刺入鹅的颈部右侧、离左翅基部1厘米处的嗉囊内，即可注射。最好在嗉囊内有一些食物的情况下注射，否则较难操作。

（6）**腹腔注射法** 当静脉注射有困难时，可选择鹅的腹底壁采用腹腔注射。此法适用于注射大剂量药液的危重或脱水病鹅，药效发挥较快，仅次于静脉注射。

（7）**外用药法** 外用药法主要用于鹅体外消毒和杀灭外寄生虫，常采用洗涤和涂擦2种方式。

1）洗涤。将药物配成适当浓度的溶液，清洗局部皮肤或喙、眼、口腔黏膜及创伤等部位。

2）涂擦。将药物制成软膏或适当剂型，涂擦于皮肤或黏膜、创伤表面。

3. 种蛋及鹅胚给药法

此种给药法常用于种蛋的消毒和预防各种疾病，也可治疗胚胎病。常用的方法有下列几种。

（1）**熏蒸法** 将经过洗涤或喷雾消毒的种蛋放入罩内、室内或孵化器内，并内置药物（药物的用量根据每立方米体积计算），然后关闭室内门窗或孵化器的进出气孔和鼓风机，熏蒸半小时后方可进行孵化。

（2）**浸泡法** 即将种蛋置于一定浓度的药液中浸泡3~5分钟，以便杀灭种蛋表面的微生物。用于种蛋浸泡消毒的药物主要有高锰酸钾和碘溶液等。

（3）**注射法** 可将药物通过种蛋的气室注入蛋白内，如注射庆大霉素。也可直接注入卵黄囊内，如注射泰乐菌素。还可将药物注入或滴入蛋壳膜的内层，如注射或滴入维生素 B_1。

六、鹅的免疫接种

1. 鹅群免疫程序的制定

有些传染病需要多次进行免疫接种，在鹅的多大日龄接种第1次，什么时候再接种第2次、第3次……，称为免疫程序。单独一种传染病的免疫程序，见本书关于该病的叙述；群养鹅从出壳至开产的综合免疫程序，要根据具体情况先确定对哪几种病进行免疫，然后合理安排。制定免疫程序时，应主要考虑以下几个方面的因素：当地家禽疾病的流行情况及严重程度；母源抗体的水平；上次免疫接种引起的残余抗体的水平；鹅的免疫应答能力；疫苗的种类；免疫接种的方法；各种疫苗接种的配合；免疫对鹅群健康及生产能力的影响等。各种传染病的免疫程序可参见有关传染病防治部分。在生产中，养鹅场（户）可按实际需要具体选定。

（1）种鹅免疫程序

1~3 日龄：抗雏鹅新型腺病毒 - 小鹅瘟二联高免血清 0.5 毫升（或抗体 1~1.5 毫升）皮下注射。

7 日龄：副黏病毒灭活苗皮下注射 0.25 毫升（无此病流行地区可免除）。

4 周龄：鹅巴氏杆菌蜂胶复合佐剂灭活苗皮下注射 1 毫升。

27 周龄：鹅巴氏杆菌蜂胶复合佐剂灭活苗皮下注射 1 毫升。

28 周龄：雏鹅新型腺病毒 - 小鹅瘟二联弱毒疫苗皮下注射 1 个剂量。

29 周龄：雏鹅新型腺病毒 - 小鹅瘟二联弱毒疫苗皮下注射 1 个剂量。

44 周龄：鹅巴氏杆菌蜂胶复合佐剂灭活苗皮下注射 1 毫升。

45 周龄：雏鹅新型腺病毒 - 小鹅瘟二联弱毒疫苗皮下注射 1 个剂量。

46 周龄：雏鹅新型腺病毒 - 小鹅瘟二联弱毒疫苗皮下注射 1 个剂量。

（2）商品肉鹅免疫程序

1~3 日龄：抗雏鹅新型腺病毒 - 小鹅瘟二联高免血清 0.5 毫升（或抗体 1~1.5 毫升）皮下注射。

7 日龄：副黏病毒灭活苗皮下注射 0.25 毫升（无此病流行地区可免除）。

2. 免疫接种的常用方法

不同的疫苗、菌苗，对接种方法有不同的要求，归纳起来，主要有滴鼻、点眼、饮水、翅下刺种、肌内注射、皮下注射及气雾等几种方法。

（1）**滴鼻、点眼法** 用滴管、空眼药水瓶或 5 毫升注射器（针尖磨秃），事先用 1 毫升水试一下，看有多少滴。2 周龄以下的雏鹅以每毫升 50 滴为好，每只鹅 2 滴，每毫升滴 25 只鹅，如果一瓶疫苗是用于 250 只鹅的，就稀释成 250÷25＝10 毫升。比较大的鹅以每毫升 25 滴为宜，上述一瓶疫苗就要稀释成 20 毫升。

疫苗应当用生理盐水或蒸馏水稀释，不能用自来水，以免影响免疫接种效果。

滴鼻、点眼的操作方法：术者左手轻轻握住鹅体，其食指与拇指固定住鹅的头部，右手用滴管吸取药液，滴入鹅的鼻孔或眼内（图 1-33），当药液滴在鼻孔上不吸入时，可用右手食指把鹅的另一只鼻孔堵住，药液便很快被吸入。

（2）**饮水法** 滴鼻、点眼免疫接种虽然剂量准确，效果确实，但对于大群鹅，尤其是日龄较大的鹅群，要逐只进行免疫接种，费时费力，且不能在短时间内完成全群免疫，因而生产中采用饮水法，即将某些疫苗

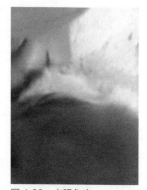

图 1-33 点眼免疫

混于饮水中，让鹅在较短时间内饮完，以达到免疫接种的目的（图 1-34）。

图 1-34　饮水免疫

为使饮水免疫接种达到预期效果，必须注意以下几个问题。

1）在投放疫苗前，要停供饮水 3~5 小时（依不同季节酌定），以保证鹅群有较强的渴欲，能在 2 小时内把疫苗水饮完。

2）配制鹅饮用的疫苗水，必须在用时按要求配制，不可事先配制备用。

3）稀释疫苗的用水量要适当。在正常情况下，每 500 份疫苗，2 日龄至 2 周龄用水 5 升、2~4 周龄 10 升、4~8 周龄 15 升、8 周龄以上 25 升。

4）水槽的数量应充足，可以供给全群鹅同时饮水。

5）应避免使用金属饮水槽，水槽在用前不应消毒，但应充分洗刷干净，不含有饲料或粪便等杂物。

6）水中不含有氯和其他杀菌物质。盐、碱含量较高的水，应煮沸、冷却，待杂质沉淀后再用。

7）要选择一天当中较凉爽的时间用苗，疫苗水应远离热源。

8）有条件时可在疫苗水中加 5% 脱脂奶粉，对疫苗有一定的保护作用。

图 1-35　翅下刺种免疫

（3）翅下刺种法　先将疫苗用生理盐水或蒸馏水按一定倍数稀释，然后用接种针或蘸水笔笔尖蘸取疫苗，刺种于鹅翅膀内侧无血管处。较小的鹅刺种 1 针即可，较大的鹅可刺种 2 针（图 1-35）。

（4）肌内注射法　肌内注射法作用快、吸收较好、免疫效果可靠，适用于 4 周龄以上的育成鹅，临床上一般按规定倍数稀释后，较小的鹅每只注射 0.2~0.5 毫升，成年鹅每只注射 1 毫升。注射部位可选择胸部肌肉、翅根内侧肌肉或腿部外侧肌肉（图 1-36）。

图 1-36　肌内注射接种免疫

（5）皮下注射法　雏鹅多采用颈背部皮下注射法。注射时先用左手拇指和食指将雏鹅颈背部皮肤轻轻捏住并提起，右手持注射器将针头刺入皮肤与肌肉之间，然后注入疫苗液（图 1-37）。

（6）气雾法　适用于规模化、集约化养鹅场的大群免疫，尤其是大型商品肉用鹅场鹅群的免疫。此法是用压缩空气通过气雾发生器，使稀释的疫苗液形成直径为 1~10 微米的雾化粒子，均匀地悬浮

图 1-37　雏鹅疫苗皮下注射接种

于空气中，随呼吸而进入鹅体内。

气雾免疫接种应注意以下几个问题。

1）所用疫苗必须是高价的、倍量的。

2）稀释疫苗应该用去离子水或蒸馏水，最好加0.1%的脱脂奶粉或明胶。

3）雾滴大小适中，一般要求喷出的雾粒在70%以上，成年鹅雾粒的直径应在5~10微米，雏鹅30~50微米。

4）喷雾时房舍要密闭，要遮蔽直射阳光，保持一定的温度和湿度，最好在夜间鹅群密集时进行，待10~15分钟后打开门窗。

5）气雾免疫接种对鹅群的干扰较大，尤其会加重鹅支原体及大肠杆菌引起的气囊炎，应予以注意，必要时于气雾免疫接种前后在饲料中加入抗菌药物。

3. 免疫接种应注意的问题

鹅群的免疫接种应注意下列问题。

（1）**严格按照说明书要求进行**　接种疫苗的稀释倍数、剂量和接种方法等都要严格按照说明书规定进行。

（2）**疫苗现配现用**　疫苗稀释时绝对不能用热水，稀释的疫苗不可置于阳光下曝晒，应放置在阴凉处，且必须在2小时内用完。

（3）**接种疫苗的鹅必须健康**　只有在鹅体健康状况良好的情况下接种疫苗，才能取得预期的免疫效果。对环境恶劣、疾病、营养缺乏等情况下的鹅群接种，往往效果不佳。

（4）**妥善保管、运输疫苗**　生物制品怕热，特别是弱毒苗必须低温冷藏，要求在0℃以下；灭活苗保存在4℃左右为宜。要防止温度忽高忽低，运输时要有冷藏设备。若疫苗保管不当，不用冷藏瓶提取疫苗，存放时间过久而超过有效期，或冰箱冷藏条件差，均会使疫苗活力降低，影响免疫效果。

（5）**选择恰当的接种时间**　接种疫苗时，要注意母源抗体和其他病毒感染时对疫苗接种的干扰和抗体产生的抑制作用。

（6）**接种疫苗的用具要严格消毒**　对接种用具必须事先按规定消毒。遵守无菌操作要求，对接种后所有容器、用具也必须进行消毒，以防感染其他鹅群。

（7）**注意接种某些疫苗时能用和禁用的药物**　在接种禽霍乱活苗前后5天，应停止使用抗菌药物；而在接种病毒性疫苗时，在前2天和后5天可使用抗菌药物，以防接种应激引起其他疾病感染；各种疫苗接种前后，均应在饲料中添加比平时多1倍的维生素，以保持鹅群强健的体质。

（8）**注意配合综合性防疫措施和进行抗体水平监测**　由于同一鹅群中个体的抗体水平不一致，体质也不一样，因此，同一种疫苗接种后反应和产生的免疫力也不一样。所以，单靠接种疫苗扑灭传染病往往有一定困难，必须配合综合性防疫措施，才能取得预期效果。同时，应创造条件对鹅群进行抗体水平监测，确定免疫效果和加强免疫时间。

4. 疫苗接种后的免疫监测

一般情况下，鹅群免疫接种后，不进行免疫监测，但在疫病严重污染地区，为了确保鹅群获得可靠的免疫效果，常在疫苗接种之后，测定其是否确实获得免疫（图1-38）。因为在某些因素的影响下，如疫苗的质量差、用法不当或鹅体应答能力低等，虽然接种了疫苗，但鹅群没有获得坚强的免疫力，若忽视了再次免疫接种，就不能抵抗一些传染病的侵袭。根据鹅体和疫苗应用情况，可将免疫监测分为4类。

图1-38　鹅群免疫抗体监测

（1）**从未免疫的鹅群**　疫苗接种后，若鹅群出现阳性血清反应，则认为免疫获得成功，否则认为免疫失败。某些疫病尚要求血清达到一定的效价，才认为是免疫成功。

（2）**曾免疫过的鹅群**　再次接种疫苗，需要做免疫前和免疫后血清效价升高的比较，若免疫后血清效价有明显的升高，则认为免疫成功，否则需要重新进行免疫。

（3）**观察疫苗在接种部位的反应**　疫苗经皮肤刺种后，若在刺种部位出现反应，则认为免疫获得成功。若无反应，需要重新接种。

（4）**其他监测法**　有些菌苗对鹅免疫后，既无局部反应，也不出现阳性血清反应，需要采取其他的特殊监测方法。

凡是经过监测之后，证明未能产生满意的免疫效果，一律需要重新再做免疫，直至获得满意的免疫效果为止。

七、鹅传染病的基本防治措施

1. 预防鹅传染病的基本措施

（1）**鹅场选址要符合防疫要求**　鹅场的场址应背风向阳，地势高燥，水源充足，排水方便。位置要远离村镇、机关、学校、工厂和居民区，与铁路、公路干线、运输河道也要有一定距离（图1-39～图1-41）。

图 1-39　种鹅养殖场

图 1-40　商品鹅养殖场

图 1-41　养鹅场一角

（2）对饲养人员和车辆要进行严格消毒，切断外来传染源　鹅场和鹅舍出入口也应设置消毒设施，外来车辆进入厂区和饲养人员出入鹅舍要消毒（图 1-42～图 1-47）。

图 1-42　场区大门车辆消毒池

图 1-43　人员消毒通道

图 1-44　鹅舍外环境消毒

图 1-45　鹅舍运动场消毒

图 1-46　鹅舍内消毒

图 1-47　鹅舍带鹅消毒

（3）建立场内兽医卫生制度

1）不得把后备鹅群或新购入的鹅群与成年鹅群混养，以防疫病接力传染。

2）食槽、水槽要保持清洁卫生，定期清洗消毒。粪便要定期清除。

3）鹅转群前或鹅舍进鹅前要彻底对鹅舍和用具进行消毒。

4）定期对鹅群进行计划免疫和药物防病。鹅群要定期进行驱虫，防止寄生虫侵袭。疫苗接种是防止某些传染病发生的可靠措施，在接种时要查看疫苗的有效期、接种方法及剂量等（图 1-48）。

预防性用药是根据某些病的发病规律提前用药，应注意各种抗菌类药物交替作用，以防病原菌产生抗药性。

5）养鹅场要重视和做好除鼠、防蚊、灭蝇工作。

图1-48 给后备鹅注射疫苗

（4）加强鹅群的饲养管理，提高鹅的抗病能力

1）选择优质的雏鹅。若从外场购进雏鹅，在准备进鹅前要了解所购雏鹅的种鹅场的建筑水平、饲养管理水平及孵化水平，特别是种鹅场的卫生管理、种鹅的饲料营养和消毒情况对雏鹅的健康影响较大。如果种蛋消毒不严，孵化水平低，雏鹅副伤寒、脐炎就比较严重；种鹅不按时接种疫苗，孵出的雏鹅缺乏母源抗体，育雏期易患某些传染病。优质雏鹅抗病力强，育雏成活率高。

2）供给全价饲料。饲料的营养水平不仅影响鹅的生产能力，而且缺乏某些成分可发生相应的缺乏症。所以要从正规的饲料厂购买饲料，贮存时注意时间不要过长，并防止霉变和结块。在自配饲料时，要注意原料的质量，避免饲料配方与实际应用相脱节。

3）给予适宜的环境温度。适宜的环境温度有利于提高鹅群的生产能力。如果温度过高或过低，都会影响鹅群的健康，冷热不定很容易导致鹅群呼吸道病的发生。

4）维持良好的通风换气条件。鹅舍内的粪便及残存的饲料受细菌的作用可产生大量的氨气，加上鹅呼吸排出的气体对鹅是有害的。特别是氨气一旦达到使人感觉不适甚至流泪的程度，可导致鹅呼吸道黏膜损伤而发生细菌和病毒的感染。要减少鹅舍内的有害气体，一方面可采取在不突然降低温度的情况下开窗或排风扇排气，另一方面要保持地面干燥卫生，减少氨气的产生。

5）保持合理的饲养密度。密度过大可造成鹅群拥挤和空气中有害气体增多，鹅群易患伤寒、球虫病及大肠杆菌病等。

6）尽力减少鹅群应激反应　过大的声音、转群、药物注射及饲养人员的穿戴和举止异常对鹅群是一种应激，在应激时鹅群容易发生球虫病、大肠杆菌病等。

（5）建立兽医疫情处理制度

1）兽医防疫人员每天要深入鹅舍观察鹅群，有疫情要立即诊断。

2）发现传染病时，病鹅隔离，死鹅深埋或烧毁。对一些烈性传染病（如禽流感等），应及时报告上级兽医机关，并封锁鹅场，进行紧急接种，直至最后一只病鹅死亡半月后不再有病鹅出现，方可报告上级部门解除封锁。

3）对污染的鹅舍和用具要进行消毒处理，鹅的粪便需要堆积发酵后方可运出场外。

2. 扑灭鹅群传染病的基本措施

一旦发生传染病时，为了扑灭疫情，避免造成大范围流行，必须立即查明和消灭传染源，切断传播途径，提高鹅群对传染病的抵抗力。

（1）发现异常，及早做出诊断 发现鹅群中有部分鹅发病或异常时，应立即请兽医人员亲临现场，做出病情诊断，并查明发病原因。如不能确诊，应把病鹅或刚死的鹅装在严密的容器内，立即送兽医权威部门进行确诊。必要时应把疫情通知周围鹅场或养鹅户，以便采取预防措施。

（2）针对疫情，及时采取防治措施 当确诊为禽流感、小鹅瘟等烈性传染病时，如为流行初期，应立即对未发病鹅进行疫苗紧急接种，以便在短期内使流行逐渐停止。但是，已经感染正在潜伏期的病鹅，接种疫苗后，不但不能使其免疫，反而可能加速发病死亡。所以到了流行中期，已经感染而貌似健康的鹅为数很多，此时接种疫苗，往往收效不大。当确诊为巴氏杆菌病等细菌性传染病时，在流行初期除用菌苗进行紧急接种外，还可用磺胺类药物或抗生素进行治疗和预防，并加强饲养管理。

（3）严格隔离和封锁，防止疫情蔓延 对发生传染病的鹅群要进行全部检疫，对检出的病鹅要隔离治疗；疑似病鹅应隔离观察，对病鹅或疑似病鹅设专人饲养管理。对发生传染病的鹅群和鹅场，应及早划定疫区，进行严格封锁（图1-49）。在封锁期间，禁止雏鹅、种鹅、种蛋调进或调出。待场内病鹅已经全部痊愈或处理完毕，鹅舍、场地和用具经过严格消毒后，经2周再无新病例出现，然后再做1次严格大消毒，方可解除封锁。

图1-49 疫区封锁

（4）坚决淘汰病鹅，彻底进行环境消毒 鹅群发病后，对所有病重的鹅要坚决淘汰。如果可以利用，必须在兽医部门同意的地点，在兽医监督下加工处理。鹅毛、血水、废弃的内脏要集中深埋，肉尸要高温处理。病死鹅的尸体、粪便和垫草等应运往指定地点烧毁或深埋，防止猪、犬等扒吃（图1-50）。对被污染的鹅舍、运动场及饲养用具，都要用2%~3%的热氢氧化钠溶液等高效消毒剂进行彻底消毒。

图1-50 病死鹅的处理

第二章

鹅病毒性传染病的鉴别诊断与防治

一、小鹅瘟

小鹅瘟又称鹅细小病毒感染、鹅心肌炎或渗出性肠炎等，是由鹅细小病毒所引起的、主要侵害30日龄以内雏鹅和雏番鸭的一种急性、高度接触性、败血性传染病。雏鹅以全身急性败血病变和渗出液或伪膜性肠炎、心肌炎为特征，致病性强，死亡率高。

本病可发生于任何品种的 3~4 日龄以至 30 日龄以内的雏鹅，以 6 日龄左右发病较多，30 日龄以上的雏鹅很少发病。发病日龄越小，发病率和死亡率越高。最高的发病率和死亡率出现在 10 日龄以内的雏鹅，可达 95%~100%。15 日龄以上的雏鹅比较缓和，有少数患病雏鹅可自行康复。发病率和死亡率的高低，与被感染雏鹅的日龄不同而异，也与当年留种母鹅群的免疫状态有密切的关系。在每年全部淘汰种鹅群的区域，通常经过 1 次大流行之后，当年留剩下来的鹅群都是患病后痊愈或者是经无症状感染而获得免疫力的，这种免疫鹅产的种蛋所孵出的雏鹅也获得坚强的被动免疫，能抵抗小鹅瘟病毒的感染，不会发生小鹅瘟。所以，本病的流行常有一定的周期性，就是大流行之后的 1 年或数年内往往不见发病，或仅零星发生。但以后如果有小鹅瘟病毒传入，又会引起大暴发流行。而在四季常青或每年更换部分种鹅群的区域，一般不可能发生大流行，但每年有不同程度的流行发生，死亡率一般在 20%~30%，高的可达 50% 左右。

传染源为病雏鹅及带毒鹅。主要经消化道感染，也可垂直传播。白鹅、灰鹅、狮头鹅及其他品系的雏鹅易感。番鸭也易感，其他禽类及哺乳类动物不易感。

临床
症状

本病的潜伏期依据感染时的年龄而定。1 日龄感染者为 3~5 天，2~3 周龄感染者为 5~10 天；根据病程的长短不同，可将其临床类型分为最急性型、急性型和亚急性型 3 种。

（1）最急性型　最急性型多发生于 3~10 日龄的雏鹅，通常是不见有任何前驱症状，发生败血症而突然死亡，或在发生精神呆滞后数小时即呈现衰弱，倒地划腿，挣扎几下就死亡，病势传播迅速，数日内即可传播全群。

（2）急性型　急性型多发生于 15 日龄左右的雏鹅，患病雏鹅表现精神沉郁，食欲减退或废绝，羽毛松乱，头颈缩起，闭眼呆立，离群独处，不愿走动（图 2-1~图 2-3），行动缓慢；虽能随群采食，但所采的草并不吞下，随采随丢；鼻孔流出浆液性鼻液，污染鼻孔周围，频频摇头；进而饮水量增加，逐渐出现拉稀，排灰白色或灰

图 2-1　患病雏鹅精神沉郁，闭目嗜睡

图 2-2　患病雏鹅精神沉郁，缩颈

图 2-3　患病雏鹅离群独处，不愿走动

黄色的水样稀便，常为米浆样混浊且带有气泡或有纤维状碎片，肛门周围绒毛被污染（图2-4）；喙端和蹼色变暗（发绀）；有个别患病雏鹅临死前出现颈部扭转或抽搐、腿麻痹、瘫痪等神经症状（图2-5）。据临床所见，大多数雏鹅发生于急性型，病程一般为2~3天，随患病雏鹅日龄增大，病程渐长而转为亚急性型。

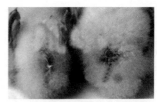
图2-4　患病雏鹅肛门周围绒毛被粪便污染

（3）**亚急性型**　亚急性型通常发生于流行的末期或20日龄以上的雏鹅，其症状轻微，主要以行动迟缓，走动摇摆，拉稀，采食量减少，精神状态略差为特征。病程一般为4~7天，有极少数病鹅可以自愈，但雏鹅吃料不正常，生长发育受到严重阻碍，成为"僵鹅"。

图2-5　患病雏鹅腿麻痹、瘫痪

病理变化　小肠部分肠管显著膨大、黏膜出血（图2-6、图2-7）；空肠和回肠有急性卡他性纤维素性坏死性肠炎，整片肠黏膜坏死、脱落，与凝固的纤维素性渗出物形成栓子（图2-8）或包裹在肠内容物表面形成伪膜，堵塞肠腔。剖检时可见靠近卵黄与回盲部的肠段，外观极度膨大，质地坚实，长2~5厘米，形状如香肠，肠管被浅灰或浅黄色的栓子塞满；肝脏肿大、呈红黄色或浅黄色（图2-9）；胆囊胆汁淤积（图2-10）；肺出血、呈紫红色（图2-11）；胰腺水肿、充血（图2-12）；脑膜及脑实质血管充血并有小出血灶，神经细胞变性，严重病例出现小坏死灶，胶质细胞增生，颅骨骨膜呈紫红色、有出血斑块（图2-13）。

图2-6　病鹅小肠的中后段较正常的肠管增粗2~3倍，质地坚实，似香肠状

图2-7　病鹅肠黏膜出血

图2-8　病鹅肠管膨大，肠道中充满浅黄色栓子

图2-9　病鹅肝脏肿大、呈红黄色

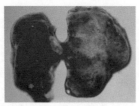

图2-10 病鹅胆囊胆汁淤积　图2-11 病鹅肺出血、呈紫红色　图2-12 病鹅胰腺水肿、充血　图2-13 病鹅颅骨骨膜呈紫红色、有出血斑块

类症鉴别

病名	与小鹅瘟的相似点	与小鹅瘟的不同点
鹅副黏病毒病	二者均表现精神沉郁，食欲减退，拉稀、肠炎	鹅副黏病毒病是由禽Ⅰ型副黏病毒感染引起的，各种品种和日龄鹅均具有易感性，而小鹅瘟主要是雏鹅易感；鹅副黏病毒病的病变特征为：肠道黏膜上皮坏死脱落，与渗出的纤维素一起形成伪膜，包裹肠内容物，致使肠道膨大，与小鹅瘟的"香肠样"病变相似，但其长度比小鹅瘟形成的要长；用脑、脾、胰或肠道病料处理接种鸡胚，一般于36~72小时死亡，绒尿液具有血凝性，并能被禽Ⅰ型副黏病毒抗血清所抑制，可确诊为鹅副黏病毒病
鹅禽流感	二者均表现精神沉郁，食欲减退，拉稀、肠炎	鹅禽流感易发生在1月龄以内的雏鹅，发病率高达100%，而小鹅瘟易感染10日龄以内的雏鹅；鹅禽流感特征的病理变化为：头颈部肿胀，眼出斑，头颈部皮下出血或胶冻样浸润，内脏器官、黏膜和法氏囊出血，腺胃乳头、腺胃与肌胃交界处及肌胃角质膜下有出血点或瘀斑状出血，而小鹅瘟的主要特征为急性下痢，以消化道病变为特征；将肝脏、脾脏、脑等病料处理后接种5枚11日龄鸡胚和5枚12日龄易感鹅胚，观察5~7天，如两种胚胎均在96小时内死亡，绒尿液具有血凝性并被特异抗血清所抑制，即可判定为鹅禽流感
鹅巴氏杆菌病	二者均表现精神沉郁，食欲减退，拉稀、肠炎	鹅感染巴氏杆菌病后，表现为口鼻流液，呼吸明显困难，神经症状不明显，剧烈腹泻，排出绿色或白色稀便；特征性病变发生在肝脏，肝脏肿大，色泽变浅，质地变硬，表面散布着许多灰白色、针尖大的坏死点，肺出血，发生肝变，心冠脂肪组织上面有明显的出血点；另外，腹膜、皮下组织和腹部脂肪、十二指肠也常有出血斑点，但无凝固性栓子。而小鹅瘟神经症状较明显，肺无肝变

病名	与小鹅瘟的相似点	与小鹅瘟的不同点
鹅副伤寒	二者均表现精神沉郁，食欲减退，拉稀、肠炎	鹅副伤寒是由沙门菌感染所引起的传染病，雏鹅易感，死亡率高；一般在4~6日龄发病，表现为严重下痢，缩颈呆立；肠道充血、出血，盲肠有干酪样"栓子"形成，但与小鹅瘟"栓子"形成的部位、外形与质地不一样；采用细菌培养法，无菌取病死鹅肝脏组织接种于普通琼脂培养基上，经37℃培养24小时可见无芽孢、单个、两端略圆的细长杆菌，染色观察为革兰阴性菌，即可确诊为鹅副伤寒
鹅球虫病	二者均表现精神沉郁，食欲减退，拉稀、肠炎	鹅球虫病的病原是球虫，一般侵害3~12周龄的雏鹅和育成鹅，并集中于5~9月发病，而小鹅瘟发病一般无季节性；球虫病病例粪便稀薄并常呈鲜红色或棕褐色，内含有脱落的肠黏膜，十二指肠到回盲处的肠管扩张，腔内充满血液和脱落的黏膜碎片，肠壁增厚，黏膜有大面积的充血区和弥漫性出血点，黏膜面粗糙不平，而小鹅瘟病例肠壁变薄、光滑；取病鹅粪便和病变较明显的小肠刮取物制片，直接或经染色后镜检，可见有大量球虫卵囊及裂殖子，即可诊断为鹅球虫病

预防措施

（1）**环境消毒**　全场定期消毒，针对垫草、料槽、场地，应用癸甲溴铵（百毒杀）进行喷雾消毒。对病死鹅要进行深埋，加入消毒粉（如三氯异氰尿酸钠、生石灰等）处理。

（2）**把好引种关**　引进健康种鹅，防止带回疫病，已引进的种鹅要隔离饲养观察。

（3）**疫苗接种**　种鹅应于开产前1个月进行首次免疫小鹅瘟疫苗，用灭菌生理盐水将疫苗做20倍稀释，每只鹅皮下或肌内注射1毫升；间隔7~10天后进行第2次免疫，将疫苗做10倍稀释，每只鹅皮下或肌内注射1毫升。使种鹅产生免疫抗体，孵出的雏鹅才可以产生免疫力。

（4）**孵化设备消毒**　孵坊内的孵化设备、一切用具、屋内及地面应定期消毒，尤其是在有小鹅瘟流行的区域，孵坊应注重消毒。免疫种鹅群和非免疫种鹅群的种蛋应分开孵化，避免"混蛋"，使孵出的雏鹅有不同水平的母源抗体，从而影响雏鹅群的免疫效果；来自疫区种蛋在进行孵化之前应先清理蛋壳表面污物，然后进行消毒处理再进行孵化。

（5）**注射抗小鹅瘟高免血清** 对雏鹅注射抗小鹅瘟高免血清进行免疫是防治本病的一项关键措施。出壳 1~2 天的雏鹅，每只皮下注射 0.5 毫升，保护率达 95% 左右；已发病的雏鹅每只注射 0.5~1 毫升，治愈率为 85%；对病雏鹅做紧急预防时，每只注射 0.5 毫升，保护率达 90%。购进的抗小鹅瘟高免血清应放在 2~15℃冷暗处保存，有效期一般为 1 年。

二、鹅禽流感

禽流感是由 A 型流感病毒感染所引起的一种败血性传染病。鹅群感染后雏鹅发病可高达 100%，死亡率达 95% 以上。

流行特点 各种家禽和野禽均可感染，鸡和火鸡及某些野禽的易感性高，带毒的野禽、鸽、鸭、鹅等是本病的重要传染源，带毒的候鸟可使本病呈世界性传播。一年四季均可发生，但以冬、春季为主要流行季节。各种日龄和各品种的鹅群均具有高度易感性。雏鹅的发病率可高达 100%，死亡率也可达到 95% 以上，其他日龄的鹅群发病率一般为 80%~100%，死亡率为 50%~80%，产蛋鹅群发病率近 100%，死亡率为 40%~80%。发病率和死亡率差异很大，取决于禽类种别和病毒毒力，以及年龄、环境和继发感染等因素。

临床症状 病鹅常突然发病，体温升高，食欲减退或废绝，仅饮水。羽毛松乱，眼睛肿胀而流泪，鼻流出浆液性鼻液，身体蜷缩，精神沉郁，昏睡，反应迟钝，排白色或黄绿色稀便（图 2-14 ~ 图 2-17）。部分病鹅曲颈、斜头，有神经症状，角弓反张，尤其是雏鹅较为明显（图 2-18 ~ 图 2-20）。多数病鹅站立不稳，后退倒地。部分病鹅颈部肿大，皮下水肿，眼睛潮红或出血，眼睛四周羽毛贴着黑褐色的眼眶，呈戴眼镜样，严重者失明，也有的病例鼻孔流血。种鹅发病症状稍轻，产蛋率急剧下降，3~5 周后又缓慢上升，破蛋、畸形蛋增多，种蛋的受精率和孵化率降低。患病未死的母鹅一般在 1~5 个月后才能恢复产蛋。

图2-14　病鹅精神沉郁，垂头

图2-15　病鹅眼肿胀、流泪

图2-16　病鹅流出
浆液性鼻液

图2-17　病鹅排白色或黄绿
色稀便

图2-18　病鹅身体蜷缩，精
神沉郁，昏睡，反应迟钝，头
歪向一侧

图2-19　病鹅头颈扭转

图2-20　病鹅仰翻、角弓
反张

病理变化　大多数病鹅头部肿胀（图2-21），颈部肿大，皮下水肿（图2-22），皮肤毛孔充血、出血，全身皮下和脂肪出血（图2-23），腿、爪出血（图2-24）；肿头病例，下颌部皮下水肿，显浅黄色或浅绿色胶冻样液体；眼结膜出血，瞬膜充血、出血；颈上部皮下和肌肉出血；胸肌、腿肌有出血点；鼻腔黏膜水肿、充血、出血，腔内充满血样黏液性分泌物；喉头黏膜有不同程度出血（图2-25），大多数病例有绿豆至黄豆大凝血块，气管黏膜有点状出血（图2-26）；脑壳和脑膜严重出血，脑组织充血、出血；胸腺水肿；腺胃黏性分泌物较多，部分病例黏膜出血（图2-27）；脾脏肿大、瘀血；腹腔脂肪有大小不一的出血点（图2-28）；肠系膜脂肪出血（图2-29），部分病例黏膜出血；肠黏膜有局灶性出血斑或出血块，或有出血性溃疡病灶，直肠后段黏膜出血；胰腺肿大，有出血斑和坏死灶（图2-30），或液化状；心冠脂肪出血（图2-31），心内膜出血（图2-32）；肺出血、水肿（图2-33）；肝脏肿大、瘀血、出血，部分病例肝小叶间质增宽（图2-34）；肾脏稍肿大、充血；胸壁有浅黄色胶冻样物；多数病例心肌有灰白色坏死斑和肺瘀血、出血；产蛋母鹅卵泡变形、破裂于腹腔中，卵泡膜充血，有出血斑（图2-35）；输卵管浆膜充血、出血，腔内有凝固蛋白；病程较长患病母鹅卵巢中的卵泡萎缩，卵泡膜充血、出血或变形，显紫葡萄状卵巢；患病雏鹅法氏囊黏膜出血。

图 2-21　病鹅头部肿胀

图 2-22　病鹅颈部肿大，皮下水肿

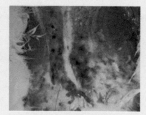

图 2-23　病鹅皮下出血

图 2-24　病鹅腿、爪出血

图 2-25　病鹅喉头黏膜出血

图 2-26　病鹅气管黏膜出血

图 2-27　病鹅腺胃黏膜出血

图 2-28　病鹅腹腔脂肪有大小不一的出血点

图 2-29　病鹅肠系膜脂肪有大小不一的出血点

图 2-30　病鹅胰腺肿大、出血和坏死

图 2-31　病鹅心冠脂肪出血

图 2-32　病鹅心内膜出血

图 2-33　病鹅肺出血、水肿

图 2-34　病鹅肝脏肿大、出血

图 2-35　病鹅卵泡变形、破裂

病名	与鹅禽流感的相似点	与鹅禽流感的不同点
小鹅瘟	二者均表现精神沉郁，食欲减退，拉稀、肠炎	小鹅瘟易感染10日龄以内的雏鹅，而鹅禽流感易发生在1月龄以内的雏鹅，发病率高达100%；小鹅瘟的主要特征为急性下痢，以消化道病变为特征；将肝脏、脾脏、脑等病料处理后接种5枚11日龄鸡胚和5枚12日龄易感鹅胚，观察5~7天，如两种坯胎均在96小时内死亡，绒尿液具有血凝性并被特异抗血清所抑制，即可判定为鹅禽流感，而鸡胚不死亡，鹅胚部分或全部死亡，胚体病变典型，无血凝性，可诊断为小鹅瘟
鹅巴氏杆菌病	二者均表现精神沉郁，食欲减退，流鼻液，拉稀、肠炎	鹅感染巴氏杆菌病后，呼吸明显困难，神经症状不明显，剧烈腹泻，排出绿色或白色稀便；特征性病变发生在肝脏，肝脏肿大，色泽变淡，质地变硬，表面散布着许多灰白色、针尖大的坏死点，肺出血，发生肝变，心冠脂肪组织上面有明显的出血点
鹅副伤寒	二者均表现精神沉郁，食欲减退，流鼻液，拉稀、肠炎	鹅副伤寒是由沙门菌引起的传染病，雏鹅易感，一般4~6日龄发病；病鹅表现为严重下痢，缩颈呆立；肠道充血、出血，盲肠有干酪样"栓子"形成；采用细菌培养法，无菌取病死鹅肝脏组织接种于普通琼脂培养基上，经37℃培养24小时可见无芽孢、单个、两端略圆的细长杆菌，染色观察为革兰阴性菌，即可确诊为鹅副伤寒
鹅毒支原体感染	二者均表现打喷嚏，咳嗽，呼吸有啰音，流鼻液，结膜炎，流泪	鹅毒支原体感染的病原为鹅毒支原体；病鹅一侧或两侧眶下窦发炎，有关节炎，关节肿胀，跛行；剖检可见鼻孔、鼻窦、气管、肺浆膜黏性分泌物增多，气囊混浊、有干酪样分泌物，关节液黏稠如豆油；平板凝集试验呈阳性

防治
措施

（1）**禁止从疫区引种，从源头上控制本病的发生**　正常的引种要做好隔离检疫工作，最好对引进的种鹅群抽血，做血清学检查，淘汰阳性个体；无条件的也要对引进的种鹅隔离观察5~7天，淘汰盲眼、红眼、精神不振、步态不正常、排绿色粪便的个体。

（2）**鹅群接种禽流感灭活疫苗**　种鹅群每年春、秋季各接种1次，每次每只接种2~3毫升；雏鹅10~15日龄每只首免接种0.5毫升，25~30日龄每只再接种1~2毫升，可取得良好的效果。

（3）**避免鹅、鸭、鸡混养和串栏**　禽流感有种间传播的可能性，应引起注意。

（4）**栏舍、场地、水上运动场、用具、孵化设备要定期消毒，保持清洁卫生**　水上运动场以流动水最好。水塘、场地可用生石灰消毒，平时每15天消毒1次，有疫情时隔7天消毒1次；用具、孵化设备可用福尔马林熏蒸消毒或癸甲溴铵喷雾消毒；产蛋房的垫料要常换、消毒。

（5）**种鹅群和肉鹅群分开饲养**　场地、水上运动场、用具都应相对独立使用。肉鹅饲养实行全进全出制度，出栏后空栏要消毒和净化 15 天以上。

（6）**隔离可疑病例，防止扩散**　一旦受到疫情威胁或发现可疑病例，应立即上报相关兽医部门，立刻采取有效措施防止扩散，包括及时准确诊断病例及隔离、封锁、销毁、消毒、紧急接种、预防投药等。

三、鹅副黏病毒病

鹅副黏病毒病又称鹅新城疫，是近年来在全国大部分地区流行的一种由鹅源禽Ⅰ型副黏病毒感染所引起的鹅的烈性传染病。发病率和死亡率较高，使养鹅业蒙受了较大的损失。

流行特点　各种年龄的鹅对鹅副黏病毒均具有易感性，年龄越小发病率和死亡率越高，但主要发生在 15~60 日龄的雏鹅，15 日龄以内的雏鹅感染后，发病率和死亡率在 90% 以上，10 日龄以内雏鹅发病率和死亡率均达 100%。随着日龄的增长，发病率和死亡率下降。不同品种的鹅均可发病，自然条件下潜伏期为 3~5 天。本病无季节性，一年四季均可发生，常引起地方性流行。

临床症状　病鹅初期大多表现精神不振，垂头缩颈，采食、饮水减少（图 2-36、图 2-37），有时勉强采食或饮水又随即甩头吐出；排白色稀便或水样腹泻（图 2-38），部分病鹅时常甩头，并发出"咕咕"的咳嗽声。随后，粪便呈黄色或绿色水样，严重脱水、消瘦，双翅下垂，双腿无力，蹲伏地上，不愿行走。后期有扭颈、转圈、仰头等神经症

图 2-36　病鹅精神沉郁，闭目嗜睡

图 2-37　病鹅精神沉郁，垂头缩颈

状（图 2-39），病鹅极度衰弱，浑身颤抖，眼肿、流泪（图 2-40），眼眶及周围羽毛被泪水浸湿，有时鼻孔流出清亮水样液体，头颈颤抖，呼吸困难，喙与掌部发紫，多数在发病后 3~5 天死亡，也有少数急性发病鹅无明显症状而在 1~2 天内死亡。

图 2-38　病鹅排白色稀便　　　图 2-39　病鹅头颈扭转　　　图 2-40　病鹅眼肿、流泪

病理变化

　　病鹅各组织器官广泛出现病变，其中消化器官和免疫器官的病变尤为严重，病鹅皮肤瘀血。从食道末端至泄殖腔的整个消化道黏膜都有不同程度的充血、出血和坏死，小肠黏膜呈"纽扣状"出血（图 2-41）。最具特征的消化道病变是在食道末端腺胃及与之相连的肌胃起始端黏膜肿胀、出血（图 2-42）、糜烂，极易剥离；食道黏膜特别是下端有散在的芝麻大小、灰白色或浅黄色结痂，易剥离，剥离后可见出血斑或溃疡；十二指肠、空肠、回肠黏膜有散在或弥漫性、浅黄色或灰白色纤维素性结痂，结肠黏膜有弥漫性、浅黄色或灰白色、芝麻大至小蚕豆大的纤维素性结痂，剥离后呈现出血面或溃疡面，盲肠扁桃体肿大，盲肠黏膜纤维素性结痂；直肠黏膜和泄殖腔黏膜有弥漫性大小不一、浅黄色或灰白色纤维素性结痂；胰腺、脾脏表现严重的坏死病变，在表面和切面上可见大量大小不等的白色坏死灶。脾脏肿大（图 2-43），有芝麻粒至绿豆粒大、灰白色坏死灶；胰腺肿大、出血（图 2-44），有灰白色坏死灶。呼吸道的特征性病变是气管环出血，整个肺出血、水肿（图 2-45、图 2-46），肺部有针尖或粟粒大甚至黄豆大的浅黄色结节，颇似鹅曲霉菌病的病肺结节。其他脏器病变较轻，心冠脂肪、心内膜出血，心肌变性（图 2-47、图 2-48）；肝脏轻度瘀血、肿大（图 2-49）；胸腺肿大、出血（图 2-50），哈氏腺偶见出血；大脑、小脑有时充血、水肿；肾脏肿大、色浅，输尿管扩张，充满白色尿酸盐。

图 2-41 病鹅小肠黏膜呈"纽扣状"出血

图 2-42 病鹅腺胃黏膜肿胀、出血

图 2-43 病鹅脾脏肿大

图 2-44 病鹅胰腺出血

图 2-45 病鹅气管环出血

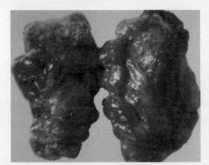

图 2-46 病鹅肺出血、水肿

图 2-47 病鹅心冠脂肪有大小不一的出血点

图 2-48 病鹅心内膜出血

图 2-49 病鹅肝脏肿大

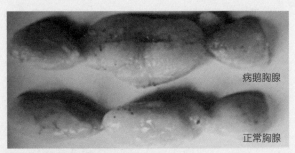

病鹅胸腺

正常胸腺

图 2-50 病鹅胸腺肿大、出血

病名	与鹅副黏病毒病的相似点	与鹅副黏病毒病的不同点
小鹅瘟	二者均表现精神沉郁，食欲减退，拉稀、肠炎	小鹅瘟是细小病毒引起的，主要是雏鹅易感，而鹅副黏病毒病是由禽Ⅰ型副黏病毒引起的，各种品种和日龄鹅均具有易感性；鹅副黏病毒病的病变特征为：肠道黏膜上皮坏死脱落，与渗出的纤维素一起形成伪膜，包裹肠内容物，致使肠道膨大，与小鹅瘟的"香肠样"病变相似，但其长度比小鹅瘟形成的要长；用脑、脾脏、胰腺或肠道病料处理接种鸡胚，一般于36~72小时死亡，绒尿液具有血凝性，并能被禽Ⅰ型副黏病毒抗血清所抑制，可确诊为鹅副黏病毒病
鹅巴氏杆菌病	二者均表现体温升高（43~44℃），闭目、垂翅，口鼻分泌物多，呼吸困难，拉稀混有血液；全身黏膜、浆膜出血，心冠脂肪有出血点	鹅巴氏杆菌病一般只流行于个别鹅群或小范围地区，鹅副黏病毒病则波及全群或更大范围；在症状上，鹅副黏病毒病可见神经症状，鹅巴氏杆菌病则无此症状，而偶见有关节炎表现；鹅巴氏杆菌病病程短，多在1~2天内死亡，而鹅副黏病毒病多于3~5天内死亡；鹅巴氏杆菌病死鹅剖检，肝脏上有灰黄色坏死点，心包膜内可见大量纤维蛋白渗出物，肠黏膜无溃疡，鹅副黏病毒病肝脏无坏死点，心包膜内渗出物少，肠黏膜上多有溃疡；细菌学检查，鹅巴氏杆菌病可检出巴氏杆菌
鹅副伤寒	二者均表现羽毛松乱，精神萎靡，呼吸困难，腹泻	鹅副伤寒主要发生于雏鹅，特点是排白色稀便，成年鹅发病较少且发病多为慢性，有时也可见下痢，腹部增大，但不见呼吸困难；慢性病例可见卵巢萎缩，卵黄变性，质硬色浅，有时形成囊包；细菌学检查，鹅副伤寒可检出沙门菌。鹅副黏病毒病呼吸道症状严重，并有神经症状，剖检可见呼吸道和消化道严重出血
其他神经疾病	鹅食盐中毒、维生素A缺乏症、维生素B缺乏症、维生素D缺乏症、维生素E缺乏症、药物中毒等疾病，均可出现神经症状，但一般无呼吸道、消化器官症状	

本病目前尚无特效治疗药物，应坚持预防为主的原则，及早接种疫苗。

1）一般不要从疫区引进雏鹅，必须引种时应给雏鹅注射鹅副黏病毒油乳剂灭活苗，每只0.3毫升，15日龄以上，每只0.5毫升。并切实做好引种鹅群的隔离消毒工作。

2）加强鹅群的饲养管理，调整鹅群的饲养密度，注意搞好环境卫生，经常消毒鹅舍及用具，对已发病鹅群，全场清除粪便、污物，彻底消毒，对病死鹅要做深埋处理。

3）种鹅群至少应经4次灭活苗免疫。第1次免疫，在7~15日龄用Ⅰ号剂型，每只雏鹅皮下注射0.5毫升；第2次免疫，在第1次免疫后2个月内用Ⅰ号剂型，每只鹅皮下或肌内注射0.5毫升；第3次免疫，在产蛋前15天左右用Ⅰ号剂型，每只鹅肌内注射 1.0 毫升；第 4 次免疫，在第 3 次免疫 2 个月后用 Ⅱ 号剂型，每只鹅肌内注射 1.0 毫升。经 4 次灭活苗免疫后，种鹅群在整个饲养期内能比较有效地预防本病的发生。

4）种鹅经免疫的雏鹅群，第 1 次免疫，在 15 日龄左右用 Ⅰ 号剂型灭活苗免疫，每只雏鹅皮下注射 0.5 毫升；第 2 次免疫，在第 1 次免疫后 2 个月内进行，每只鹅肌内注射 0.5 毫升。种鹅未经免疫或无母源抗体的雏鹅群，第 1 次免疫应在 2~7 日龄或 10~15 日龄用 Ⅰ 号剂型灭活苗免疫，每只雏鹅皮下注射 0.5 毫升；第 2 次免疫，在第 1 次免疫后 2 个月内进行，每只鹅肌内注射 0.5 毫升。

四、鹅病毒性肝炎

鹅病毒性肝炎又称鹅出血性坏死性肝炎，是由呼肠孤病毒感染所引起的一种雏鹅传染病，其主要临床特征为病鹅肝脏、脾脏、肾脏、胰腺等器官有坏死灶。

流行特点 鹅病毒性肝炎主要发生于 1~10 周龄的雏鹅，多发生于 2~4 周龄雏鹅。发病率和死亡率与日龄有密切的关系，差异很大。日龄越小，发病率越高，3 周龄以内雏鹅感染后死亡率最高，而 7~10 周龄雏鹅感染后，死亡率低。一般多表现为运动失调、跛行等症状。本病潜伏期与鹅易感日龄有关，雏鹅人工感染一般潜伏期为 5~7 天。病毒既可水平传播，也可垂直传播。

临床症状 患病雏鹅精神委顿（图 2-51），食欲减退或废绝，绒毛松乱无光泽，喙和蹼色浅、苍白，体弱，消瘦，行动缓慢，腹泻。患病耐过鹅常出现跛行，跗关节、跖关节、趾关节、脚和趾屈肌腱等部位肿胀（图 2-52 ~ 图 2-54）。

图 2-51　病鹅精神委顿

图 2-52　病鹅跛行，跗关节、跖关节、趾关节、脚和趾屈肌腱等部位肿胀

图 2-53　病鹅跗关节肿胀，爪不能着地

图 2-54　病鹅跗关节肿胀

雏鹅急性病例主要病变为弥漫性的出血性坏死性肝炎，肝脏有散在的或弥漫性、大小不一的紫红色或鲜红色出血斑和浅黄色或灰黄色坏死斑，小如针头大，大如绿豆大（图2-55、图2-56）；脾脏稍肿大，质地较硬，表面有大小不一的坏死灶（图2-57）；胰腺肿大、出血，并有散在的坏死灶；肾脏肿大、充血、出血，有弥漫性针头大的灰白色坏死灶（图2-58）；心内膜有出血点；肠道黏膜和肌胃肌层有鲜红色出血斑；胆囊肿大，充满胆汁；脑壳严重充血，脑组织充血；肿胀的关节腔出血，有纤维蛋白渗出液（图2-59）。有的病例腓肠肌肌腱区有出血。

图2-55 病鹅肝脏有弥漫性、大小不一的出血斑

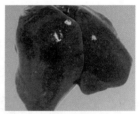

图2-56 病鹅肝脏肿大，表面有大小不一的浅黄色坏死斑

图2-57 病鹅脾脏肿大，表面有大小不一的黄白色坏死灶

图2-58 病鹅肾脏肿大、充血

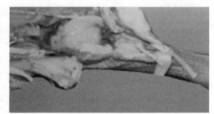

图2-59 病鹅跗关节管腔出血

慢性病例，内脏器官的病变大大减轻或没有病变，肿胀关节腔有纤维素性渗出物。

病名	与鹅病毒性肝炎的相似点	与鹅病毒性肝炎的不同点
小鹅瘟	二者均表现精神沉郁，食欲减退，肠黏膜出血	鹅病毒性肝炎多发生于2~4周龄雏鹅，发病率和死亡率与日龄有密切关系，随日龄增长而降低，而由鹅细小病毒所致的小鹅瘟是一种高度接触性和高死亡率的急性传染病，主要发生于10日龄左右雏鹅；鹅病毒性肝炎以肝脏、脾脏及其他器官出血和坏死病灶为特征，而小鹅瘟以肠道黏膜卡他性炎症为病变特征；采取病料，经处理后分别接种12日龄易感鹅胚，如鹅胚于7天内死亡，接种部位的绒尿膜有出血斑或坏死灶，绒尿液无血凝性，为鹅呼肠孤病毒所致，若仅鹅胚死亡，无以上症状则为小鹅瘟病毒所致

病名	与鹅病毒性肝炎的相似点	与鹅病毒性肝炎的不同点
鹅禽流感	二者均表现精神沉郁，食欲减退，肠黏膜出血	鹅禽流感对各种年龄鹅均易感，发病率高，而鹅病毒性肝炎不发生于青年鹅和成年鹅；禽流感病例常出现神经症状，皮肤、皮下和内脏器官以出血病变为特征，而鹅病毒性肝炎病例肝脏、脾脏等器官以出血和坏死病灶为特征；采取病料经处理后接种10日龄易感鸡胚，死亡鸡胚绒尿液做血凝检测，如有血凝性，并被禽流感标准抗血清所抑制，为鹅禽流感病毒所致，如无血凝性，接种部位的绒尿膜有出血斑和坏死灶，为鹅呼肠孤病毒所致
鹅副黏病毒病	二者均表现精神沉郁，食欲减退，肠黏膜出血	鹅副黏病毒病对各种日龄鹅均具有高度易感性，特别是15日龄以内雏鹅有很高的发病率和死亡率；患病鹅脾脏肿大，有灰白色、大小不一的坏死灶，肠道黏膜有散在的或弥漫性、大小不一、浅黄色或灰白色的纤维素性结痂；采取病料经处理后接种10日龄易感鸡胚，死亡鸡胚绒尿液做血凝检测，如有血凝性，并能被禽 I 型副黏病毒抗血清所抑制，为鹅副黏病毒所致，如无血凝性，接种部位的绒尿膜有出血斑和坏死灶，为鹅呼肠孤病毒所致
鹅鸭瘟病毒感染	二者均表现精神沉郁，食欲减退，肠黏膜出血	鹅鸭瘟病毒感染的病原是鸭瘟病毒，虽然各种日龄的鹅均可感染发病，但以3~5周龄雏鹅发病较多，而鹅病毒性肝炎对1~2周龄易感雏鹅有极高的发病率和死亡率，超过3周龄雏鹅不发病；鹅鸭瘟病毒感染病例有食道、泄殖腔和眼睑黏膜呈出血性溃疡和伪膜等特征性病变

防治措施

（1）**种鹅防疫**　在产蛋前15天左右应用油乳剂灭活苗进行免疫，免疫后15天即可产生较高抗体，一方面可消除垂直传播的危险，另一方面使其子代具有较高滴度的母源抗体，可免受早期感染。

（2）**雏鹅防疫**　种鹅免疫的雏鹅，在10日龄左右用油乳剂灭活苗进行免疫。未免疫种鹅的雏鹅，在7日龄以内用油乳剂灭活苗进行免疫。

（3）**紧急防疫**　应用高免疫抗血清进行紧急注射，同时也可注射油苗或数天后注射灭活苗。

（4）**病鹅群治疗**　对出现临床症状的患病雏鹅可用高免血清进行治疗。

五、鹅鸭瘟病毒感染

鹅鸭瘟病毒感染俗称大头瘟，又称鹅病毒性溃疡性肠炎，是由鸭瘟病毒感染所引起的一种病毒性传染病，主要在雏鹅群中传染，其主要临床特征为病鹅高热、流泪、头颈肿大、两脚麻痹无力、泄殖腔溃烂和排绿色稀便。

流行特点

本病多发于青草茂盛的季节。发病日龄最早者为8~10日龄，青年鹅也可发病，但以40日龄左右者居多。雏鹅发病多为急性死亡，并迅速波及全群，死亡率较高。成年鹅发病率低，一般极少死亡。本病主要传染源是病鸭、病鹅和携带病毒的鹅（鸭）。鹅患鸭瘟多是因与患鸭瘟的病鸭接触或经常到病鸭群或病鹅群放牧地带或水域放牧。此外，野鸭和某些吸血昆虫也可传播本病。本病主要是通过消化道感染，也可通过交配、呼吸道等途径感染。通常情况下，鸭发病1~2周后，鹅群内就有少数发病，3~5天即可遍及全群。以春、夏季和秋季流行较为严重，呈地方性流行，也有少数呈散发。各品种、性别和年龄的鹅均可感染，鹅的发病率为20%~50%，死亡率可达90%以上。

临床症状

病鹅发病突然，病初体温升高到42~43℃，精神萎靡，食欲减退或废绝，羽毛松乱无光泽，两翅下垂，两腿发软，伏地不起。眼睑水肿、流泪，眼周围羽毛湿润，结膜充血、出血。头颈肿大，鼻孔流出大量浆液性、黏液性分泌物，呼吸困难，常仰头、咳嗽（图2-60）。腹泻，排黄绿、灰绿或黄白色稀便，粪中带血。泄殖腔水肿，黏膜充血、肿胀，严重者泄殖腔外翻。雏鹅呈败血症状死亡。成年鹅表现为产蛋率下降、流泪、腹泻、跛行等症状，死亡率低，但病程长。患病公鹅的阴茎不能收回。倒拎病鹅时，可从口中流出绿色发臭黏稠液体。一般2~5天死亡，有的病程可延长。

图2-60　病鹅精神沉郁，呼吸困难，两翅下垂，两腿发软，伏地不起

病理变化

鹅鸭瘟病毒感染致死的鹅皮下组织发生不同程度的炎性水肿。鼻腔黏膜充血、出血，留有出血斑（图2-61）；头颈部肿大的病例，皮下组织有浅黄色胶冻样浸润，口腔黏膜主要是舌根、咽部和上腭部黏膜表面常有浅黄褐色伪膜覆盖，剥离后露出鲜红的溃疡。食道黏膜的病变具有特征性，外观有纵行排列的灰黄色伪膜覆盖或散在的出血

点，伪膜易剥离，刮落后留有大小不等的出血浅溃疡；腹腔脂肪有大小不一的出血点（图2-62）；有时腺胃与食道膨大部的交界处或与肌胃的交界处常见有灰黄色坏死带或出血带，腺胃黏膜与肌胃角膜下层充血或出血（图2-63）。

整个肠道发生急性卡他性炎症，以小肠和直肠最为严重，肠集合淋巴滤泡肿大、充血、出血或坏死（图2-64），泄殖腔黏膜的病变也具有特征性，黏膜表面有出血斑点和覆盖着一层不易剥离的绿色或褐色坏死结痂或溃疡（图2-65）；腔上囊黏膜充血、出血，后期常见有黄白色凝固的渗出物；心内、外膜出血斑，心血凝固不全，气管黏膜充血，有时可见肺充血或出血、水肿；肝脏早期有出血斑点，后期出现大小不等的灰黄色的坏死灶，并有出血点。

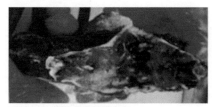

图2-61　病鹅鼻腔黏膜出血

图2-62　病鹅脂肪点状出血

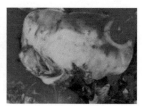

图2-63　病鹅肌胃角膜下层充血、出血

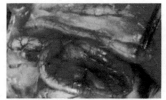

图2-64　病鹅小肠淋巴集合点处充血、出血

图2-65　病鹅泄殖腔黏膜表面覆盖着一层绿色块状隆起硬性坏死痂，不易刮落

类症鉴别

病名	与鹅鸭瘟病毒感染的相似点	与鹅鸭瘟病毒感染的不同点
小鹅瘟	二者均表现精神沉郁，食欲减退，胃肠黏膜出血	小鹅瘟是由禽Ⅰ型副黏病毒引起的、以消化道症状和病变为特征的急性传染病，主要是雏鹅易感，而鹅鸭瘟病毒感染在各种品种和日龄鹅均具有易感性，以40日龄的青年鹅发病居多；小鹅瘟病例呼吸困难，有明显的神经症状，肠道黏膜上皮坏死脱落，与渗出的纤维素一起形成"香肠样"栓子，而鹅鸭瘟病毒感染病例高热、流泪、头颈肿大、两脚麻痹无力、泄殖腔溃烂和排绿色稀便

病名	与鹅鸭瘟病毒感染的相似点	与鹅鸭瘟病毒感染的不同点
鹅病毒性肝炎	二者均表现精神沉郁，食欲减退，肠黏膜出血	鹅鸭瘟病毒感染的病原是鸭瘟病毒，虽然各种日龄的鹅均可感染发病，但3周龄以内的雏鹅较少发生死亡，而鹅病毒性肝炎的病原是呼肠孤病毒，1~2周龄易感雏鹅有极高的发病率和死亡率，超过3周龄雏鹅不发病；鹅鸭瘟病毒感染病例的食道、泄殖腔和眼睑黏膜呈出血性溃疡和伪膜等特征性病变

预防措施

1）不从疫区引进种鸭、鹅，需要引进种蛋和雏鹅时，应详细了解当地的疫情，经严格检疫后再引进。引进的鸭、鹅应隔离饲养一段时间，经检疫观察无病后，方能混群饲养。

2）饲养的鹅群不与发生鸭瘟的鸭、鹅接触，避免鹅鸭共养或共同使用一个水池或被鸭瘟病毒污染的饲料和饮水。尽量少放牧，圈养可以减少感染机会。

3）加强饲养管理，严格执行卫生消毒制度，避免鸭瘟病毒污染各种用具物品、运输车辆及工具等。运动场、鹅舍、饲养用具及水池保持清洁卫生，定期用2%的氢氧化钠溶液、0.5%癸甲溴铵等消毒。

4）使用疫苗进行免疫接种。目前有鸡胚化鸭瘟弱毒疫苗。注意使用鸭瘟疫苗时，剂量应是鸭的5~10倍，种鹅一般按15~20倍接种。鹅群一旦发病，必须迅速采取严格封锁、隔离、消毒焚尸及紧急接种等综合防疫措施（立即注射鸭瘟疫苗）。

六、鹅腺病毒感染

鹅腺病毒感染又称鹅病毒性肠炎，是由腺病毒感染所引起的一种雏鹅传染病，具有传播快、发病率高、死亡率高的特点，其主要临床特征为小肠出血性、纤维素性渗出性坏死性炎症。

流行特点

本病是诸多雏鹅传染病中危害较严重的疫病，日龄越小，易感性越高，传播广，发病率和死亡率均很高，是较难控制的一种病毒性传染病。一般3~30日龄雏鹅最易感染。雏鹅3日龄以后开始发病，5日龄开始死亡，10~20日龄达到死亡高峰期，30日龄以后基本不发生死亡，死亡率为25%~75%，甚至高达100%。10日龄以后发病死亡的雏鹅有60%~80%的病例在盲肠至十二指肠肠段出现典型的类似于小鹅瘟的"香肠样"病变。

本病潜伏期为 3~5 天，根据病程长短可分为最急性型、急性型、慢性型 3 种类型。

（1）**最急性型** 多发生在 3~7 日龄，往往没有前期症状，一旦出现症状即极度衰弱、昏睡，临死前倒地乱划，迅速死亡，病程几小时至 1 天左右。

（2）**急性型** 一般多发生在 8~20 日龄，病鹅精神沉郁，食欲减退。随病情的发展，病鹅掉群，行动迟缓，嗜睡不采食，但饮水不减少；腹泻，排出浅黄绿色、灰白色或蛋清一样的稀便，常混有气泡，恶臭；呼吸困难，鼻孔流出浆液性分泌物，喙端及边缘色泽变暗；临死前两腿麻痹不能站立，以喙触地，昏睡而死，或临死前出现抽搐，病程为 3~5 天。

（3）**慢性型** 多发生于 15 日龄以后的雏鹅，主要表现为精神萎靡，消瘦，间歇性腹泻，最后因消瘦、营养不良和衰竭而死亡，部分幸存者生长发育不良。

病变主要在肠道，各小肠段明显充血和出血，黏膜肿胀，黏液增多。小肠后段出现包裹有浅黄色伪膜的凝固性栓子（图 2-66），类似"香肠样"病变，与小鹅瘟相似。最初这种栓子直径较小，大约 0.2 厘米，长度可达 10 厘米，随着病程时间的延长，栓子越来越长，有的可达 30 厘米以上，直径可达 0.5~0.7 厘米，使小肠外观膨大，比正常大 1~2 倍，肠壁菲薄。没出现栓子的肠段严重出血，黏膜面成片染成红色。此外，可见皮下充血、出血；胸肌和腿肌出血、呈暗红色；有的心外膜充血或有小出血点、心包积液（图 2-67）；肝脏肿大、瘀血、呈暗红色，有小出血点或出血斑（图 2-68），胆囊明显肿胀，扩张，体积比正常大 3~5 倍，胆汁淤积、呈深墨绿色（图 2-69）；肾脏肿大、充血或轻微出血、呈暗红色（图 2-70）；胸腺肿大、出血（图 2-71）。

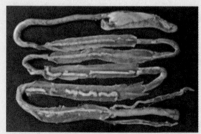

图 2-66 病鹅小肠后段出现包裹有浅黄色伪膜的凝固性栓子

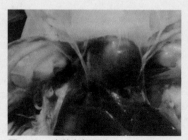

图 2-67 病鹅心包积液

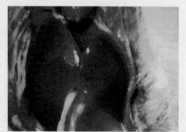

图 2-68 病鹅肝脏肿大，表面有大小不一的出血点

图 2-69　病鹅胆囊充盈，胆汁淤积

图 2-70　病鹅肾脏肿大

图 2-71　病鹅胸腺肿大、出血

类症鉴别	病名	与鹅腺病毒感染的相似点	与鹅腺病毒感染的不同点
	小鹅瘟	二者均表现精神沉郁，食欲减退，拉稀、肠炎并形成"栓子"，极易混淆	①发病时间：小鹅瘟常发生于4~10日龄的雏鹅，以6日龄左右最易发病；鹅腺病毒感染发生于8~60日龄的雏鹅，以8~20日龄多发 ②传播速度：小鹅瘟发病迅速，传播快，发病12小时就有50%左右的病雏出现明显的临床症状，而鹅腺病毒感染的发病速度和传播速度较小鹅瘟慢，发病24小时内只有10%左右的病雏有明显的临床症状 ③临床症状：小鹅瘟临床症状非常明显，一般出现下痢，呼吸困难及神经症状等综合性症状，而鹅腺病毒感染的临床症状较轻，以痢疾为主，前期粪便呈大酱色，后期变为草绿色 小鹅瘟死亡速度快，一般发病24小时内死亡率达50%，3天基本结束，无论鹅群多大，最后耐过的只有10%~15%；而鹅腺病毒感染死亡率较均衡且较低，一般雏鹅每天死亡率为10%~20%，成年鹅只有1%~3% ④栓塞的区别：鹅腺病毒感染和小鹅瘟鉴别诊断的重点在栓塞。小鹅瘟形成的栓塞短而细，长2~5厘米，直径1.0~1.5厘米，切面质地一般较硬，全部为肠黏膜脱落物形成，呈乳白色；而鹅腺病毒感染形成的栓塞长而粗，长5~10厘米，直径1.5~3厘米，大小是小鹅瘟形成栓塞的2~4倍，且质地不一样，外部为肠黏膜脱落形成的包皮，内部包埋的是肠内容物
	鹅副黏病毒病	二者均表现精神沉郁，食欲减退，拉稀、肠炎并形成"栓子"	鹅副黏病毒病是由禽Ⅰ型副黏病毒引起的，以消化道症状和病变为特征的急性传染病，各种品种和日龄鹅均具有易感性，而鹅腺病毒感染主要是雏鹅易感；鹅副黏病毒病的病变特征为：肠道黏膜上皮坏死脱落，与渗出的纤维素一起形成伪膜，包裹肠内容物，致使肠道膨大；用脑、脾脏、胰腺或肠道病料处理接种鸡胚，一般于36~72小时死亡，绒尿液具有血凝性，并能被禽Ⅰ型副黏病毒抗血清所抑制，可确诊为鹅副黏病毒病

（续）

病名	与鹅腺病毒感染的相似点	与鹅腺病毒感染的不同点
鹅禽流感	二者均表现精神沉郁，食欲减退，拉稀、肠炎	鹅禽流感特征的病理变化为：头颈部肿胀，皮下出血或胶冻样浸润，内脏器官、黏膜和法氏囊出血，腺胃乳头、腺胃与肌胃交界处及肌胃角质膜下有出血点或瘀斑状出血；而鹅腺病毒感染的主要症状为急性下痢，以消化道病变为特征，小肠后段出现包裹有浅黄色伪膜的凝固性栓子，类似"香肠样"病变

防治措施

目前，对鹅腺病毒感染尚无有效的治疗药物，平时应注意不从疫区引进种蛋、雏鹅和成年种鹅。有本病的地区主要是使用疫苗进行免疫，发病时可用高免血清进行防治。

（1）疫苗免疫

①种鹅免疫：在种鹅开产前使用"雏鹅新型腺病毒 - 小鹅瘟二联弱毒疫苗"，进行2次免疫，在5~6个月内能够使后代雏鹅获得母源抗体的保护，不发生雏鹅腺病毒感染和小鹅瘟，这是预防本病最为有效的方法。

②雏鹅免疫：在雏鹅1日龄时，使用"雏鹅新型腺病毒弱毒疫苗"口服进行免疫，3天即可产生部分免疫力，5天可产生100% 免疫保护。

（2）高免血清防治 对出壳1日龄雏鹅，使用"雏鹅新型腺病毒高免血清"或"雏鹅新型腺病毒 - 小鹅瘟二联高免血清"皮下注射0.5毫升 / 只，即可预防本病的发生。

对发病的雏鹅群，使用"雏鹅新型腺病毒高免血清"或"雏鹅新型腺病毒 - 小鹅瘟二联高免血清"皮下注射 1.0~1.5毫升 / 只，治愈率可达 60%~100%。

七、鹅传染性法氏囊病

鹅传染性法氏囊病是由传染性法氏囊病病毒感染所引起的一种病毒性传染病，其主要特征为病鹅精神委顿，羽毛松乱，法氏囊肿大、出血，胸肌、腿肌出血。

流行特点

本病主要发生于 20~30 日龄的雏鹅。通常发生于与鸡群频繁接触的雏鹅群，本病发病急剧，传播迅速，发病率为 100%，死亡率为 40%~50%。病雏应用抗生素及磺胺类药物治疗无效。

临床症状

本病的典型症状多见于雏鹅。病鹅体温升高到 43℃及以上，精神萎靡，昏睡，食欲减退或废绝，羽毛蓬乱、无光泽，翅膀下垂，怕冷扎堆，有的颤抖，呆滞。病鹅后期卧地不起（图 2-72），或站立不动，或走路蹒跚，双腿无力，不愿行走和下水，排黄绿色或灰白色水样稀便，粪便中混有尿酸盐。泄殖腔周围羽毛被粪便污染。少数病鹅出现脱水症状，眼睛凹陷，皮肤、肢、爪干枯，发病率达 100%，如果不及时治疗，死亡率为 20%~40% 或者更高，一般发病后 2~5 天是死亡高峰期，7~10 天趋于平稳。

图 2-72 病鹅精神萎靡，昏睡，翅膀下垂，后期卧地不起

非典型症状多发生在青年鹅群，病鹅表现精神沉郁，羽毛松乱、无光泽，怕冷扎堆，食欲减退，拉白色稀便。发病率为 20%~30%。如果得不到及时治疗，死亡率为 2%~6%，一般发病后 2~5 天有死亡，1 周左右趋于平稳。

病理变化

病鹅头、眼睑部的皮下组织水肿，似胶冻样，咽喉、气管部有黏液，器官黏膜充血、出血；腿部肌肉和两大腿呈现明显的涂刷状、条纹状出血或者是出血斑点；腺胃黏膜、腺胃和肌胃结合部有出血带或出血斑；心包膜增厚，心包液增多，心包脂肪有点状出血；肠黏膜充血肿胀、有枣核状出血点，内容物稀薄、呈灰白色且混有气泡；肝脏肿大、呈土黄色，周边有坏死灶；肾脏苍白，肿大；法氏囊肿大 2~3 倍（图 2-73），充血，外形变圆，法氏囊由正常的白色变成奶黄色，并且里面有奶酪

图 2-73 病鹅法氏囊肿大

样黄色渗出物，出血严重的变成紫褐色，切开囊腔，可见黏膜皱褶肿胀、出血，囊腔内有浅红色脓性分泌物。

类症鉴别

病名	与鹅传染性法氏囊病的相似点	与鹅传染性法氏囊病的不同点
健康鹅		法氏囊是鹅的免疫器官，许多急性传染病及接种法氏囊炎弱毒苗均能引起法氏囊轻度充血和有少量渗出物，某些健康鹅也有这种现象，对此必须积累解剖经验，防止误诊为传染性法氏囊病

病名	与鹅传染性法氏囊病的相似点	与鹅传染性法氏囊病的不同点
鹅副黏病毒感染	二者均表现精神沉郁、羽毛松乱、无光泽、怕冷扎堆、高热、拉稀；并共有腺胃和肌胃结合部有出血带或出血斑；心包膜增厚，心包液增多，心包脂肪有点状出血；肠黏膜充血肿胀、有枣核状出血点，内容物稀薄、呈灰白色且混有气泡；肝脏肿大、呈土黄色，周边有坏死灶；肾脏苍白、肿大等病理变化。但鹅传染性法氏囊病病例几乎95%以上在胸部、腿部肌肉出血，是其特有的病变，便于区别	
鹅副伤寒	二者均表现食欲减退，精神不振，闭眼缩颈，翅下垂，毛松乱，排白色稀便	鹅副伤寒病鹅出壳后即出现病情，有时出壳十几天表现出临床症状，雏鹅因肛门周围绒毛与粪便干结封住肛门不能排粪而鸣叫，人工剥去干结物粪便即喷射而出，幸存者发育不良，有气喘和关节炎；剖检可见早期死亡的肝脏肿大、充血，有条纹状出血，卵黄囊吸收不好，病程长的，心脏、肝脏、肺、盲肠、大肠和肌胃有坏死灶，盲肠有干酪样物

防治措施

（1）**加强管理**　发现有病的病鹅及时隔离、消毒，防止污染环境，每天彻底清除粪便和垃圾，及时更换垫料，保持舍内清洁、干燥、通风，并供给清洁的饮水。

（2）**严格消毒**　平常用5%消毒液带鹅消毒，每周1次，有疫情时每天1次。用具、饮水器及料槽也要用5%聚维酮碘消毒液进行刷洗，再用清水冲洗后使用。

（3）**定期免疫**　有条件的鹅场要做抗体监测，制定好合理的免疫程序，按时进行免疫接种，保证鹅群有一个较高的免疫水平。

（4）**注意引种**　引进新鹅时，先要了解疫情，不要到疫区购买。购进苗鹅要进行免疫接种，隔离饲养1周后才能混群饲养、放牧。

（5）**对症治疗**　鹅群发病后，全群鹅用鸡传染性法氏囊病卵黄抗体注射，体重在1千克以下的鹅，皮下注射1~2毫升/只，同时要添加青霉素、链霉素以预防抗体内的杂菌感染，每天1次，连用2~3天；体重在1千克以上的鹅，皮下注射3~4毫升/只，同时要添加青霉素、链霉素以预防抗体内的杂菌感染，每天1次，连用2~3天；待病情稳定后于5~10天后用鸡传染性法氏囊病疫苗加强免疫，有条件的最好同时使用传染性法氏囊病灭活疫苗0.5毫升，肌内注射，以维持较长时间的保护。另外，还要在饮水中添加电解多维、黄芪多糖；用氟苯尼考可溶性粉拌料，以增强机体的抵抗力，控制继发感染。

八、鹅痘

鹅痘是禽痘的一种，是由鹅痘病毒感染所引起的一种高度传染性的病毒性传染病，通常发生在喙和皮肤间，或同时发生。病变的特征是喙和皮肤的表皮和羽囊上皮发生增生和炎症过程，上皮细胞内出现具有特异性的包涵体，最后形成结痂和脱落。

流行特点　本病一年四季均可发生，尤其秋、冬两季最易流行。一般在秋季皮肤型痘多见。痘病毒对干燥的抵抗力很强，在外界环境中能够长期生存，从皮肤病灶脱落下来的干痘痂的毒力可以保存几个月之久。病毒可以在土壤中生存数周，常用的消毒药物可在10分钟内杀死病毒。

鹅痘病毒的传染途径主要是通过皮肤或黏膜的伤口侵入体内，蚊子能够传带病毒，蚊子吮吸过病鹅的血液后，其带毒时间可以保持10~30天。

临床症状　病鹅最初由于局部皮肤的表皮和羽囊上皮发生增生与表皮下水肿，而在喙和皮肤（特别是腿部皮肤）出现灰白色的小结节（痘疹）症状（图2-74）。随后小结节很快增大、呈黄色，并和邻近的结节相融合，形成干燥、粗糙、呈棕褐色的大结痂，凸出在皮肤表面或喙上（图2-75、图2-76）。把痂剥去，可见一个出血的病灶。结痂的数量多少不一，有时可遍布整个头的无毛部分和喙处。结痂可留存3~4周，随后逐渐脱落，留下一个平滑的灰白色疤痕。

病鹅的症状一般比较轻微，没有全身性症状；但病情严重的病鹅精神萎靡，食欲减退或废绝，体重减轻。少数病鹅因消瘦、体弱而死亡。

图2-74　病鹅喙及与皮肤交界处出现痘疹

图2-75　病鹅喙及口角、眼睑有结痂（痘斑）

图2-76　病鹅脚部有散在结痂（痘痂）

病理变化

病鹅除喙和腿部皮肤呈典型病灶外，其他器官一般无明显变化。如有病变常因其他微生物并发感染所致。

类症鉴别

病名	与鹅痘的相似点	与鹅痘的不同点
鹅维生素A缺乏症	二者均表现精神委顿，体重减轻，食欲废绝，口腔内有溃疡灶，可连成大片并覆有干酪样伪膜，呼吸、吞咽困难，眼发炎	鹅维生素A缺乏症是因维生素A缺乏引起；口腔伪膜如豆腐渣样，眼内有干酪样物，角膜混浊软化或穿孔，运动失调，外界刺激即引起神经症状；剖检可见肾脏呈灰白色，肾小管、输尿管有白色尿酸盐，心包、肝脏、脾脏表面有尿酸盐沉积；用鱼肝油治疗有效。鹅痘病初眼内蓄积豆渣样物（皮肤型），口腔溃疡伪膜与维生素A缺乏症类似，但随病程发展，其他部位可出现痘疹，试用鱼肝油治疗数日仍无效
鹅烟酸缺乏症	二者均可见到皮肤、腿有小结节	鹅烟酸缺乏症是因烟酸缺乏引起；病鹅表现发育不全，羽毛稀少，皮肤发炎，有化脓性结节，腿部关节肿大，骨粗短，腿部弯曲，口炎，下痢等

防治措施

在鹅痘流行的区域或鹅群，除了加强鹅群的卫生管理等预防措施外，可应用鸡痘活疫苗、鸽痘活疫苗或鹌鹑化活疫苗进行免疫接种，能有效地预防本病的流行。

目前，治疗鹅痘还没有特效药物，通常是采用一些对症疗法，以减轻症状及防止并发症的发生。一般将病鹅隔离，消毒鹅舍场地和用具，病鹅的痘疹用洁净的镊子小心剥离，伤口涂擦碘酊或甲紫溶液。

第三章

鹅细菌性传染病的鉴别诊断与防治

一、鹅巴氏杆菌病

鹅巴氏杆菌病又称禽霍乱、禽出血性败血症或简称禽出败，是由多杀性巴氏杆菌引起的一种鸭、鹅等禽类传染病。

 流行特点 本病主要通过被污染的饮水、饲料经消化道感染。病禽的排泄物、分泌物带有大量细菌，随意宰杀病禽，乱扔乱抛废弃物可造成本病的蔓延。本病一旦发生，在这些禽场内很难清除，致使多批次禽甚至全年均可发病。

 临床症状 鹅群发病依病程可分为不同的病型，一般分为最急性型、急性型和慢性型3种类型。

（1）**最急性型** 常发生于本病的流行初期，特别是成年产蛋鹅易发生最急性病例。该型最大特点是生前不见任何临床症状而突然死亡。

（2）**急性型** 此型在流行过程中占较大比例。病鹅表现精神沉郁、废食、呆立，羽毛蓬松，自口中流出浆性或黏性液体。鹅冠及肉垂发绀呈紫色。病鹅下痢，病程短，1~2天死亡。

（3）**慢性型**　在流行后期或本病常发地区可以见到。有的则是由急性病例不死转为慢性。病鹅精神、食欲时好时坏，有时见有下痢。常见鹅体某一部位出现异常，如一侧或两侧肉垂肿大；腿部关节或趾关节肿胀，跛行；有的有结膜炎或鼻塞肿胀。有时见有呼吸困难，鼻腔有分泌物。病鹅拖延1~2周死亡。

病理变化　剖检可见气囊、浆膜出血；气管环状充血（图3-1）；肺瘀血、出血（图3-2）；心包有大量黄色渗出液或胶冻样渗出物，心肌与心冠脂肪有大量点状出血，心内膜出血（图3-3、图3-4）；肝脏质脆，个别被膜脱落，表面有大量白色或浅黄色针尖大小坏死点（图3-5）；脾脏瘀血、肿大、呈紫黑色或布满浅黄色大小不等坏死灶（图3-6）；消化道呈卡他性或出血性炎症，十二指肠充血、出血，肠壁变薄（图3-7），严重者胰腺有大量出血点。

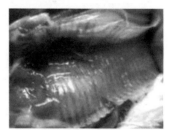

图3-1　病鹅气管环状充血

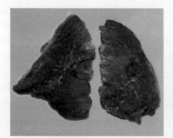

图3-2　病鹅肺出血

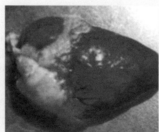

图3-3　病鹅心肌与心冠脂肪大量点状出血

图3-4　病鹅心内膜出血

图3-5　病鹅肝脏表面有大量白色或浅黄色针尖大小坏死点

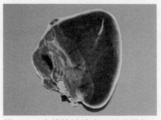

图3-6　病鹅脾脏肿大，呈紫黑色

图3-7　病鹅肠黏膜弥漫性出血

病名	与鹅巴氏杆菌病的相似点	与鹅巴氏杆菌病的不同点
小鹅瘟	二者均表现精神沉郁，食欲减退，拉稀、肠炎	小鹅瘟病例鼻孔流出浆液性鼻液，污染鼻孔周围，病鹅频频摇头，排灰白色或灰黄色的水样稀粪，常呈混浊米浆样且带有气泡或有纤维状碎片，患病雏鹅临死前出现颈部扭转或抽搐、瘫痪等神经症状；剖检特征性病变是空肠和回肠的急性卡他性－纤维素性坏死性肠炎，肠黏膜坏死、脱落，与凝固的纤维素性渗出物形成栓子或包裹在肠内容物表面形成假膜，堵塞肠腔；抗菌类药物治疗无效
鹅禽流感	二者均表现精神沉郁，食欲减退，流鼻液，拉稀、肠炎	鹅禽流感病例神经症状较明显，其特征性病理变化为：头颈部肿胀，皮下出血或胶冻样浸润，内脏器官、黏膜和法氏囊出血，腺胃乳头、腺胃与肌胃交界处及肌胃角质膜下有出血点或瘀斑状出血；抗菌类药物治疗无效
鹅副黏病毒病	二者均表现体温升高，闭目，垂翅，口鼻分泌物多，呼吸困难，拉稀混有血液；全身黏膜、浆膜出血，心冠脂肪有出血点	鹅副黏病毒病可波及全群或更大范围，而鹅巴氏杆菌病一般只流行于个别鹅群或小范围地区；鹅巴氏杆菌病死鹅剖检，肝脏上有灰黄色坏死点，心包膜内可见大量纤维蛋白渗出物，肠黏膜无溃疡，鹅副黏病毒病肝脏无坏死点，心包膜内渗出物少，肠黏膜上多有溃疡；细菌学检查，鹅巴氏杆菌病可检出巴氏杆菌
鹅副伤寒	二者均表现精神不振，呼吸困难，下痢，粪便呈绿色	鹅副伤寒可发生于雏鹅、青年鹅及成年鹅，而鹅巴氏杆菌病在16周龄以前很少发生，发病高峰多集中在性成熟期；鹅副伤寒病程长（3~30天），腹泻严重，肝脏表面有灰白色坏死点，但数量比较少，肝脏表面呈古铜色；鹅副伤寒还有脾脏肿大，胆囊肿大并充满绿色油状胆汁等病变，鹅巴氏杆菌病则不显著

（1）**加强鹅群的饲养管理**　平时严格执行鹅场兽医卫生防疫措施，以栋舍为单位采取全进全出的饲养制度，预防本病的发生。

（2）**一般从未发生本病的鹅场可不进行疫苗接种**　鹅群发病后应立即采取治疗措施，有条件的地方应通过药敏试验选择有效药物全群给药。磺胺类药物、红霉素、庆大霉素等均有较好的疗效。在治疗过程中，剂量要足，疗程要合理，当鹅只死亡明显减少后，再继续投药 2~3 天以巩固疗效，防止复发。与此同时要妥善处理病尸，做到无害化处理，避免人为地传播本病。

（3）**加强鹅场兽医防疫措施**　做好舍内、外消毒工作，对及早控制本病有重要作用。

（4）**接种菌苗** 对常发地区或鹅场，药物治疗效果日渐降低，本病很难得到有效控制，可考虑接种菌苗进行预防。但由于菌苗免疫期短，防治效果不十分理想，所以，在有条件的地方可在本场分离细菌，经鉴定合格后，制作自家灭活苗，定期对鹅群进行注射，经实践证明，通过 1~2 年的免疫，本病可得到有效控制。

治疗鹅巴氏杆菌病的药物很多，效果较好的有以下几种。

（1）**喹诺酮类** 其中最常用的是环丙沙星，治疗剂量为每升水添加 0.05 克，连喂 7 天。

（2）**磺胺类** 磺胺噻唑（SN）、磺胺二甲嘧啶（SM2）、磺胺间二甲氧嘧啶（SDM）及磺胺喹噁啉（SQ）等都有疗效。一般用法是在病鹅饲料中添加 0.5%~1% 的磺胺噻唑或磺胺二甲嘧啶，或是按 0.1% 的剂量在饮水中混合，连续喂 3~4 天；或者在饲料中添加 0.4%~0.5% 磺胺间二甲氧嘧啶，连喂 3~4 天；也可以在饲料中添加 0.1% 的磺胺喹噁啉，连喂 2~3 天，停药 3 天后，再用 0.05% 的磺胺喹噁啉连喂 2 天。

（3）**抗生素** 链霉素、土霉素、庆大霉素及多西环素等均有疗效。链霉素的剂量为每只鹅（体重 2~3 千克）肌内注射 10 万国际单位，每天注射 2 次；或在饲料中添加 0.05%~0.1% 的土霉素也有疗效。

在使用抗菌药物时，应注意一个鹅场如果长时间使用一种药物，有些菌株会对其产生抗药性，此时必须更换其他药物。最好是通过药物敏感试验（抑菌试验）选用最敏感的药物治疗病鹅。

二、鹅鸭疫里默氏杆菌感染

鹅鸭疫里默氏杆菌感染又称鹅渗出性败血症，是由鸭疫里默氏杆菌引起的一种接触性传染病。本病呈急性或慢性败血症形式，其临床特征是纤维素性心包炎、肝周炎、气囊炎、干酪性输卵管炎、关节炎和脑膜炎。

1~8 周龄的鹅对自然感染都易感，尤其以 2~3 周龄的雏鹅最易感，一般常发病的鹅群中 1 周龄以内的雏鹅很少发病（可能因有母源抗体），7~8 周龄的也很少发病。一年四季均可发生，尤以冬、春季节最为严重。育雏室饲养密度过大，空气不流通，潮湿，卫生条件不好，饲养粗放，饲料中缺乏维生素与微量元素，以及蛋白质水平过低等，均易造成疾病的发生与传播。

临床症状

本病潜伏期的长短与菌株的毒力、感染途径及应激等因素有关，一般为 1~3 天，有时长达 1 个星期左右。病程可分为最急性、急性、亚急性和慢性。

最急性病例出现于鹅群刚开始发病时，通常看不到任何明显症状即突然死亡。急性病例多见于 2 周龄的雏鹅，病程一般为 1~3 天。其临床症状主要表现为精神沉郁、厌食、离群、不愿走动和行动迟缓，甚至伏卧不起、垂翅、衰弱、昏睡、咳嗽、打喷嚏；眼鼻分泌物增多，眼有浆液性、黏液性或脓性分泌物，常使眼眶周围的羽毛粘连，甚至脱落，鼻内流出浆液性或黏液性分泌物，分泌物凝结后堵塞鼻孔，使病鹅表现呼吸困难；部分病鹅缩颈或以嘴抵地，濒死时神经症状明显（图 3-8）。

图 3-8　病鹅角弓反张

日龄稍大的雏鹅（4~7 周龄）多呈亚急性或慢性经过，病程可达 7 天或 7 天以上。临床症状主要表现为精神沉郁、厌食、腿软弱无力、不愿走动、伏卧或呈犬坐姿势、共济失调、生长迟缓等。

病理变化

剖检病死鹅可见心包积液，心包膜可见一层黄白色的纤维素性渗出物，有些可见心包膜与心包粘连（图 3-9）；气囊增厚、混浊，有絮状黄白色纤维素性渗出物附着（图 3-10）；肝脏表面有一层黄白色的纤维素性膜，厚薄不均，易剥离，肝脏稍肿，多呈土黄色（图 3-11）；胆囊肿胀，胆汁充盈；脾脏肿大、表面也有黄白色的纤维素性渗出物附着，呈大理石状（图 3-12）；肠道出血、黏膜脱落，肠壁变薄；出现关节炎症状的病鹅关节腔积液，关节囊表面有黄白色的纤维素性渗出物附着；少数病鹅脑膜充血。

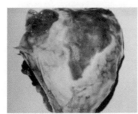

图 3-9　病鹅心包膜有黄白色纤维素性渗出物

图 3-10　病鹅气囊增厚，表面有黄白色纤维素性渗出物

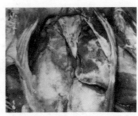

图 3-11　病鹅心脏、肝脏表面有黄白色纤维素性膜

图 3-12　病鹅脾脏肿大，呈大理石状

病名	与鹅鸭疫里默氏杆菌感染的相似点	与鹅鸭疫里默氏杆菌感染的不同点
鹅巴氏杆菌病	二者均表现精神不振，呼吸困难，下痢、肠炎	鹅巴氏杆菌病的发病高峰主要集中在性成熟期，在16周龄以前很少发生，而鹅鸭疫里默氏杆菌感染多发于雏鹅；鹅巴氏杆菌病病例常见一侧或两侧肉垂肿大，腿部关节或趾关节肿胀，跛行，但无神经症状；剖检可见心肌与心冠脂肪大量点状出血，肝脏质脆，个别被膜脱落，表面有大量白色或浅黄色针尖大小坏死点
鹅大肠杆菌病	二者均表现精神不振，呼吸困难，下痢、肠炎	鹅大肠杆菌病病例气囊腔、心包腔、肝脏表面、腹腔均可见大量灰白色的纤维素性渗出凝固物，而鹅鸭疫里默氏杆菌感染病例一般没有这些明显的病变
鹅副伤寒	二者均表现精神不振，呼吸困难，下痢、肠炎	鹅副伤寒病例呈急性败血型为主；病雏鹅表现食欲废绝、严重腹泻，肛门周围有粪便污染，呼吸困难，但无神经症状；剖检可见肝脏表面有灰白色坏死点，呈古铜色，脾脏肿大，胆囊肿大并充满绿色油状胆汁等病变
鹅链球菌病	二者均表现精神不振，下痢、肠炎	鹅链球菌病病例多为急性败血症变化；实质器官出血较为严重，肝脏、脾脏肿大，表面密集出血点或出血斑，心冠脂肪、心内膜和心肌出血，肾脏肿大、出血；雏鹅卵黄吸收不全，脐炎，成年鹅有腹膜炎病变

（1）**控制传染源**　患病鸭和带菌鸭很容易将本病传染给雏鹅，因此，在流行本病地区，鹅群在饲养过程中必须与鸭群绝对分离饲养，防止被感染。

由于雏鹅易感鸭疫里默氏杆菌，因此，流行本病地区，鹅群在饲养过程中，雏鹅群之间、雏鹅群与青年鹅群、雏鹅群与成年鹅群之间应分开饲养，防止雏鹅被感染。

雏鹅群放牧或下水塘，应远离鸭群和其他鹅群，可有效地防止本病的发生。

（2）**加强环境卫生，减少各种应激因素**　由于本病的发生和流行与应激因素密切相关，因此在将雏鹅转舍、舍内迁至舍外及下塘饲养时，应特别注意天气特别是温度的变化，减少运输和驱赶等应激因素对鹅群的影响。平时，应注意环境卫生，及时清除粪便，鹅群的饲养密度不能过高，注意鹅舍的通风及温、湿度。对于发生过本病的鹅场，待该批鹅群出栏上市后，对鹅舍、场地及各种用具进行彻底、严格的清洗和消毒。对老疫区的鹅场，在饲养管理时更应特别注意消毒。如果天气突变或有其他较强烈的应激因素存在，可在饲料或饮水中适量添加敏感的抗菌药物。尽量不从发生本病的鹅场引进种蛋和雏鹅。

（3）接种菌苗 灭活菌苗可有效预防和降低鸭疫里默氏杆菌感染和死亡率。由于菌苗所诱导的免疫力具有血清型特异性，因此理想的菌苗应含有主要血清型菌株，这样才能提供有效的保护。商品雏鹅在第1周和第3周免疫接种活苗产生的保护作用可持续到上市，种用鹅在开产初期接种灭活苗产生的保护作用可持续整个产蛋期。

治疗方法

本病可用康复鹅血清进行治疗或预防。药物治疗时，由于不同血清型及同型的不同菌株对抗菌药物的敏感性差异较大，所以必须进行药敏试验。同时，还应注意到有不少药物在药敏试验时，虽表现为高度敏感，但在实际应用时疗效却并不明显。应用敏感药物进行治疗，虽然可以明显地降低发病率和死亡率，但由于鹅舍、场地、池塘及用具受污染，当下一批雏鹅进入易感日龄后，本病又会暴发。如果每批鹅都采用药物进行治疗或预防，一方面会增加生产成本，另一方面又会导致菌株产生耐药性。对于最急性和急性病例、在治疗之前已出现一定程度死亡的病例或症状和病变严重的病例，敏感药物的疗效也不理想。因此，有效地控制本病的流行关键在于预防。

据报道，饮水或饲料中添加0.2%~0.25%的磺胺二甲嘧啶可以预防鹅出现临床症状。饲料中添加0.025%或0.05%的磺胺喹噁啉可有效降低鹅群的死亡率。皮下注射林可霉素、大观霉素、青霉素或青霉素与双氢链霉素可有效降低鹅群的死亡率。另外，喹诺酮类如恩诺沙星、环丙沙星等，可有效防止雏鹅感染后的死亡，第1天在饮水中添加50毫克/千克体重，之后4天添加25毫克/千克体重。

三、鹅大肠杆菌病

鹅大肠杆菌病是由革兰阴性埃希氏大肠杆菌感染所引起的多种鹅病的总称。鹅感染大肠杆菌后，由于其年龄、抵抗力、大肠杆菌的致病力和感染途径的不同，可以产生许多症状不同的病型。大肠杆菌在雏鹅中可引起大肠杆菌性败血症、肿头症、脐炎等，在成年产蛋鹅中可引起关节炎、卵黄性腹膜炎（俗称鹅蛋子瘟）等。

本病的发生与不良的饲养管理有密切关系，天气寒冷、天气骤变、青饲料不足、维生素A缺乏，鹅群过度拥挤、闷热、长途运输等因素，均能促进本病的发生和传播。雏鹅发病时，常与种蛋污染有关。成年母鹅群感染发病时，一般是产蛋初期零星发生，至产蛋高峰期发病最多，产蛋停止后本病也停止发生。流行期间常造成多数鹅死亡，死亡率可占母鹅发病总数的 10% 以上。公鹅感染后，虽很少会引起死亡，但可通过配种而传播疾病。交配传播也是本病的一个重要的传播途径。

根据病鹅发病后表现可分为急性型和慢性型。

（1）**急性型**　主要为败血症，发病急，死亡快，食欲废绝，饮水增加，体温较平时高 2℃ 左右。

（2）**慢性型**　病程为 3~5 天，有时可达十余天。病鹅表现为精神不振，食欲减退，无渴欲。呼吸困难，气喘，站立不稳，常卧不起，头向下弯曲，喙触地，口流黏液，排黄白色稀便，肛门周围被粪便污染（图 3-13）。个别鹅快速奔跑，伸颈随即死亡。雏鹅可见明显的下颌部水肿，有波动感，多数当天死亡，有的发病后 5~6 天死亡。

由于大肠杆菌侵害的部位不同和病鹅的日龄不同，病鹅出现的临床症状与病理变化也不一致。

（1）**雏鹅大肠杆菌性败血症**　本病传染性很强，常见出壳后 1 周内的雏鹅发生败血症而死亡。患病雏鹅衰弱，精神委顿，怕冷，常拥挤成堆，不断尖叫，腹泻，严重者粪中混有血液（图 3-14、图 3-15）。

剖检可见病鹅腹腔中有未被吸收的卵黄；心肌出血（图 3-16）；肝脏肿大、呈暗红色或土黄色，表面可见出血点，有的还有针尖大小的白色坏死点（图 3-17）；胆囊肿大，充满胆汁；肠道鼓气，卡他性肠炎，肠黏膜充血、出血（图 3-18）。

图 3-13　病鹅肛门周围潮湿，被恶臭的粪便污染

图 3-14　患病雏鹅精神委顿

图 3-15　患病雏鹅腹泻，粪中混有血液

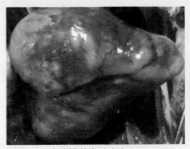

图3-16　患病雏鹅心肌出血　　　　图3-17　患病雏鹅肝脏肿大、呈暗红色　图3-18　患病雏鹅肠黏膜充血、出血
　　　　　　　　　　　　　　　　　　　　　　或土黄色

（2）雏鹅肿头症　病鹅头部肿大，下颌部的皮下组织水肿、坏死、呈胶冻样，并伴有大量的黄色黏液浸润，眼结膜充血、出血，眼睑肿胀，严重者上、下眼睑粘连；脑膜充血，个别鹅可见出血点，肝脏、脾脏肿大，质地脆弱；肠黏膜充血、出血，个别可见气囊混浊；心包膜增厚，心包积液增多。

（3）脐炎　病雏腹部膨大，脐孔愈合不良、肿胀（图3-19），有的脐孔破溃，皮肤较薄，严重者肤色呈青紫色；可见其卵黄囊膜水肿、增厚，卵黄稀薄、呈污褐色，有腐臭气味，吸收不良，在卵黄内有较多凝固的豆腐渣样物质；严重的卵黄囊破裂，卵黄散落在腹腔中（图3-20）；病雏的蹼、脚趾和皮肤干燥。

图3-19　患病雏鹅脐孔愈合不良　　　　图3-20　患病雏鹅卵黄囊破裂

（4）眼炎　常见雏鹅眼结膜肿胀，流泪，有的角膜混浊；单侧或双侧眼肿胀，有干酪样渗出物，严重者失明。

（5）肉芽肿　常见于病鹅的心脏、肺和肠系膜等，眼观可发现绿豆大至黄豆大的菜花样增生性结节；肠系膜除散发的肉芽肿结节外，还常伴有淋巴细胞和中性粒细胞增生、浸润而呈油脂状肥厚；结节切面多为黄白色或乳白色，为放射状、环形波浪状或多层。

（6）**关节炎**　多见于病鹅的趾关节和跗关节，表现为关节肿大，关节腔内有混浊的渗出液或纤维状渗出物；后期呈黄色或褐色干酪物，滑膜肿胀、增厚。

（7）**卵黄性腹膜炎**　多见于成年母鹅，可见腹膜增厚，腹腔内有少量浅黄色腥臭的混浊液体和干酪样渗出物，并有凝固的卵黄（图3-21），腹腔内器官表面常覆有一层浅黄色凝固的纤维素样渗出物。卵泡膜充血、出血，卵泡变形、破裂，肠系膜互相粘连，肠浆膜上有小出血点，卵巢变形、萎缩，卵黄变硬或破裂后形成大小不一的块状物；肝脏肿大，有时可见纤维素样渗出物。

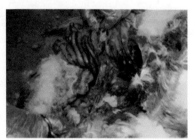

图3-21　病鹅腹腔中凝固的卵黄

（8）**输卵管炎**　蛋（种）鹅感染大肠杆菌后，常发生慢性输卵管炎。主要表现为输卵管高度扩张，腔内积有异形蛋样物质，表面粗糙，切面呈轮状，输卵管黏膜出血，表面附有胶冻样或干酪样渗出物（图3-22）。

（9）**阴茎脱垂坏死**　青年或成年公鹅病变仅限于外生殖器部分，表现出阴茎肿大，表面有大小不

图3-22　病鹅输卵管肿胀，表面有渗出物

一的小结节，结节内为黄色脓样渗出物或干酪样物质，严重者阴茎脱垂外露，表面有黑色坏死结节。

（10）**脑炎**　少数雏鹅感染大肠杆菌时表现为脑膜充血、出血，脑实质水肿，脑膜易剥离，脑壳软化。

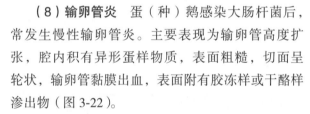

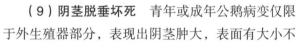

类症鉴别

病名	与鹅大肠杆菌病的相似点	与鹅大肠杆菌病的不同点
鹅鸭疫里默氏杆菌感染	二者均表现精神不振，呼吸困难，下痢、肠炎	鹅鸭疫里默氏杆菌感染病例眼、鼻分泌物增多，眼有浆液性、黏液性或脓性分泌物，常使眼眶周围的羽毛粘连，甚至脱落，濒死时神经症状明显；剖检可见纤维素性心包炎、肝周炎、气囊炎、干酪性输卵管炎、关节炎和脑膜炎

（续）

病名	与鹅大肠杆菌病的相似点	与鹅大肠杆菌病的不同点
鹅链球菌病	二者均表现羽毛松乱，食欲减退或废绝，腹泻；腹腔有纤维素性渗出物，肝脏肿大，肠黏膜出血	鹅链球菌病病例嗜睡，冠髯发紫或苍白，足底皮肤坏死，濒死前角弓反张、痉挛；剖检可见器官出血较为严重，肝脏、脾脏肿大，表面密集出血点或出血斑，心冠脂肪、心内膜和心肌出血，肾脏肿大、出血
鹅结核病	二者均表现精神委顿，羽毛松乱，食欲减退或废绝，不愿活动，腹泻，产蛋率下降，关节炎；肝脏、脾脏有结节块（肉芽肿）	鹅结核病病例表现渐进性消瘦，胸骨凸出，翅下垂；剖检可见肝脏、脾脏、肠道、气囊、肠系膜等均有结核结节（粟粒大、豆大、鸽蛋大），切开干酪样物，涂片后用萋－尼染色法染色，镜检显示为红色结核分枝杆菌
鹅腹水综合征	二者均表现食欲减退，羽毛松乱，腹部膨大、下垂；腹水混有纤维素性渗出物，心包积液	鹅腹水综合征的病因是缺氧、饲喂高能饲料或缺乏某种元素；病鹅腹部皮肤膨大、变薄、发亮，体温正常，皮肤发绀，穿刺可抽出大量腹水；剖检可见腹水呈浅红色或稻草色，含有纤维素，肝脏呈紫色，表面附着浅黄色胶冻样物

预防措施

1）在阴雨天或其他应激条件下，应在饲料中添加抗生素进行预防，同时添加蛋白质及多种维生素增强抵抗力。

2）雏鹅发生大肠杆菌病一般经卵由母鹅传播。孵化时，种蛋及孵化用具要严格消毒，平时加强鹅群卫生消毒。尤其对公鹅要逐只检查，将阴茎上有病变的公鹅淘汰。

3）对一些治疗效果差、复发率高的养鹅区最好用鹅大肠杆菌灭活油乳苗（每只0.5~1毫升）进行预防接种，注射后会有轻微的反应，但是很快恢复。在发病鹅群注射灭活苗，1周后即无新的病例出现，能有效控制疫病的流行。种鹅群的强化免疫能给其后代雏鹅提供有效的被动保护力。

治疗方法

1）按每千克体重使用氟苯尼考100毫克，在饮水中溶解后任其自由饮用，每天2次，连续使用5天，或者按每千克体重胸部皮下注射0.4毫升10%氟苯尼考注射液，每天1次，连续使用3天。

2）病鹅也可胸部肌内注射10万~20万国际单位链霉素或者卡那霉素，每天2次，连续使用3天。同时，大群鹅饲料中添加0.005%环丙沙星，连续饲喂3~5天。

3）取大黄30克、车前子15克、白芍20克、黄柏30克、黄芩30克、茵陈60克、蒲公英40克、获苓25克、黄连10克，加水后进行2次煎煮，取前汁添加在饲料中，取后汁添加在饮水中，每天 1 剂，连续使用 5 天。

在使用药物治疗的同时，还要在饮水中添加 2%~3% 的白糖和适量的电解多维。另外，对于整个鹅群，按照每 8000 克饮水添加 100 克氟苯尼考，任其自由饮用，连续使用 3~5 天。

还可在饲料中添加土霉素原粉，一般每 100 千克饲料添加 400 克用于治疗，预防时药量减半，连续使用 3~5 天。病鹅症状严重时要适时进行淘汰净化，避免整个鹅群发生感染，并防止污染孵化房。如果病鹅在停药之后出现复发，可再继续进行 1 个疗程的治疗，用于控制本病的发生和蔓延。

四、鹅蛋子瘟

鹅蛋子瘟又称卵黄性腹膜炎，是大肠杆菌病中的一种，是产蛋母鹅常见的细菌性传染病，死亡率较高。本病由于卵巢和输卵管感染发炎，发展为卵黄性腹膜炎，多数病鹅突然死亡。

流行特点　本病在产蛋初期零星发生，产蛋高峰发病也达高峰，产蛋停止本病也终止。本病流行后，常造成母鹅群成批死亡，病死率可达 10% 以上。公鹅在本病的传播上可能起着重要作用。

由病母鹅的卵巢和腹腔渗出物中常可分离到埃希氏大肠杆菌（大肠杆菌），由病公鹅外生殖器的溃疡病灶中也可分离到此菌，前殖吸虫也可引起本病。

临床症状　病鹅精神沉郁，食欲减退或废绝，不愿行动。常漂浮于水面，发病初期产软壳蛋或异型小蛋，随后产蛋停止。肛门周围粘有发臭的排泄物，混有蛋清、凝固的蛋白或卵黄小块。脱水，眼球下陷、喙和蹼干燥、发绀，消瘦、衰弱而死。病程为 3~6 天，少数达 10 天以上。

病理变化　剖开腹腔，可见腹腔中充满浅黄色腥臭的液体和破坏的卵黄，腹腔器官表面有浅黄色、凝固的纤维素性渗出物，易刮落，输卵管中有柱状或蛋样渗出物（图 3-23 ~ 图 3-25）。肠系膜发炎，使肠粘连，肠浆膜上有针尖状小出血点。卵泡变形，呈灰色、褐色或酱色等不正常色泽，有的卵泡皱缩。卵黄积留腹腔时间较长者，即凝固成硬块。破裂的卵黄凝结成大小不等的小块或碎片，输卵管肿胀（图 3-26）。

图 3-23　病鹅腹腔中凝固的
卵黄

图 3-24　病鹅输卵管中的柱
状渗出物

图 3-25　输卵管中的蛋样渗
出物

图 3-26　病鹅输卵管肿胀

输卵管黏膜发炎，有针尖状出血点和浅黄色纤维素性渗出物沉着，管腔中含有黄白色的纤维素性凝片。

类症鉴别

见鹅大肠杆菌病。

预防措施

（1）**淘汰生殖器官有炎症的公鹅**　对公鹅进行逐只检查，将生殖器官有炎症者（阴茎肿胀发炎，阴茎上有大小不等的黄色干酪样坏死结节和痈块）淘汰。同时，采用人工授精的方法，可以防止本病的传播。

（2）**药物预防**　在母鹅开产后，反复应用土霉素等，连服 2~3 天，每个月 1 次，3 个月以后停药。

治疗方法

（1）**氟苯尼考**　混料，每 100 千克饲料中拌药 5 克，连用 3~5 天；混水，每 30 毫升饮水中添加氟苯尼考 1 克，连用 3~5 天。

（2）**阿莫西林**　混水，每 100 克兑水 2000 千克，每天 2 次，连用 3~5 天，集中饮用效果更佳。拌料量加倍。

五、鹅伤寒

鹅伤寒是由伤寒沙门菌属鼠伤寒沙门菌感染所引起的一种败血性传染病。其他家禽如鸡、火鸡、鸽、鹌鹑、孔雀等均能感染。本病一般危害成年鹅，但雏鹅也有感染，多为急性，慢性也可发生。死亡率为 10%~50% 或以上。

本病主要传染源是病鹅和带菌鹅。其粪便含有大量的病菌，污染土壤、饲料、饮水用具、车辆，经消化道传染易感鹅。雏鹅的感染主要是由于种蛋带菌，或在孵化器和育雏器内相互传染，也可在出壳后直接或间接接触病鹅或带菌鹅而发生感染。此外，野禽、动物和苍蝇等昆虫及饲养人员，均为传播本病的主要媒介。

临床
症状

本病的潜伏期为4~5天，症状随病源菌毒力不同和鹅体抵抗力强弱而有差异，病程为3~10天。初期可能出现个别的最急性病例，无明显症状就迅速死亡。接着出现急性病例，其初期表现精神委顿，呆立，动作迟钝，离群。随着病势发展，眼半闭，羽毛松乱，头和翅下垂，食欲废绝。口渴，腹泻，排出浅黄绿色稀粪，污染肛门周围羽毛。如发生腹膜炎，表现直立姿势。急性型的病程为2~10天，一般5天左右，有些病鹅在发病后第2天即死。慢性型可延至数周，死亡率较低，大部分可康复，成为带菌鹅。雏鹅发病后病程很短，表现为精神不振，生长不良，食欲废绝，排白色稀便，呼吸困难，死亡率为10%~50%。

病理
变化

剖检急性病鹅，通常看不到明显病变。剖检病程稍长的病鹅，可见肝脏、脾脏肿大，肝脏呈浅棕绿色或古铜色（图3-27）；轻重不等的卡他性肠炎，小肠病变较为严重些（图3-28）；出现心包炎、肝周炎及气囊炎，气囊混浊，有浅黄色纤维素性渗出物附着（图3-29）；卵泡充血、出血、变形、变性、变色，蛋鹅常因卵泡破裂而引起腹膜炎（图3-30）。剖检雏鹅，常见心包出血，脾脏轻微肿大，肺和肠发生卡他性炎症，但不见灰白色坏死灶。

图3-27 病鹅肝脏呈浅棕绿色或古铜色

图3-28 病鹅小肠卡他性炎症

图3-29 病鹅出现心包炎、肝周炎及气囊炎

图3-30 病鹅卵泡变形、变性，部分卵泡充血

病名	与鹅伤寒的相似点	与鹅伤寒的不同点
鹅副伤寒	二者均表现病雏食欲减退，拉稀，厌食，下痢，肛门周围有粪污，精神委顿，翅膀下垂；心包有炎症，肝脏肿大	鹅副伤寒主要危害3周龄以内的雏鹅，不仅鹅易感，也可感染其他禽类、家畜和人；病鹅排水样便，失明和结膜炎；剖检可见卵黄凝固，心包有粘连，十二指肠出血性炎症
鹅巴氏杆菌病	二者均表现精神不振，呼吸困难，下痢、肠炎	鹅巴氏杆菌病的发病高峰主要集中在性成熟期，在16周龄以前很少发生，而鹅伤寒可发生于雏鹅、育成鹅和产蛋鹅；鹅巴氏杆菌病病例常见腿部关节或趾关节肿胀，跛行，但无神经症状；剖检可见心肌与心冠脂肪大量点状出血，肝脏质脆，个别被膜脱落，表面有大量白色或浅黄色针尖大小坏死点
鹅结核病	二者均表现精神委顿，羽毛松乱，冠髯苍白皱缩，贫血，腹泻；肝脏、肺有坏死灶	鹅结核病病例表现渐进性消瘦，胸骨凸出，翅下垂；剖检可见肝脏、脾脏、肠道、气囊、肠系膜等均有结核结节（粟粒大、豆大、鸽蛋大）；切开干酪样物，涂片后用萋–尼染色法染色，镜检显示为红色结核分枝杆菌（其他分枝杆菌呈蓝色），禽结核杆菌素注于肉髯皮内呈阳性反应
鹅住白细胞虫病	二者均表现雏鹅精神萎靡，下痢，发育受阻；青年鹅、成年鹅肉垂苍白，贫血，腹泻	鹅住白细胞虫病病例口中流涎，粪呈绿色，呼吸困难，可因突发咯血而死，青年鹅和成年鹅排水样白色或绿色稀粪；剖检可见全身皮下出血，肌肉（胸肌、腿肌、心肌）有大小不等出血点，各内脏器官有灰白色或浅黄色粟粒大小结节；挑出结节内容物压片，可见裂殖子散出，采翅血管血涂片瑞氏或姬氏染色可见虫体
鹅绦虫病	二者均表现雏鹅精神萎靡，腹泻，毛有粪污，呼吸困难	鹅绦虫病的病原为绦虫；剖检可见小肠有炎症，并可见虫体
鹅腹水综合征	二者均表现羽毛松乱，翅下垂，腹部膨大，如企鹅站立和走动	鹅腹水综合征的病因是缺氧、饲喂高能饲料或缺乏某种元素；病鹅腹部皮肤膨大、变薄、发亮，体温正常，鹅冠紫红，皮肤发绀，穿刺可抽出大量腹水；剖检可见腹水呈浅红色或稻草色，含有纤维素性渗出物，肝脏呈紫色，表面附着浅黄色胶冻样物

1）严禁从疫病鹅场购入种鹅和种蛋，避免疾病的传入；对引进的鹅苗要注意隔离观察饲养30天，确定无病才能混群。

2）改善饲养管理条件，供给全价饲料，同时注意饲料和饮水的清洁卫生，以增强鹅体的抵抗力。

3）对鹅群要定期进行血清学检测，发现带菌鹅及时淘汰。

4）发现病鹅及时隔离饲养，或尽快淘汰，对死亡病鹅及鹅群的排泄物要深埋或焚烧。对鹅舍、用具、衣物等彻底消毒。消灭鹅舍的苍蝇和老鼠。

5）加强种蛋和孵化育雏用具的清洁和消毒，可用 2% 来苏儿喷雾消毒种蛋，拭干后再进行孵化。每次孵化前，孵房及所有用具要用甲醛消毒。

治疗方法

（1）**磺胺类药物（复方磺胺嘧啶、磺胺间二甲氧嘧啶等）** 有较好疗效。在饲料中加 0.1% 磺胺喹噁啉，连用 2~3 天，如需要再用减量至 0.05%，再用 2 天，屠宰前 10 天应停止用药。

（2）**土霉素** 混料，剂量为 0.05%，连用 7 天。

（3）**卡那霉素** 用卡那霉素针剂肌内注射，10~15 毫克 / 千克体重，每天 2 次，连用 3~5 天。

卡那霉素或丁胺卡那霉素纯粉 2 克加水 300 千克混饮，连用 2~3 天，预防量减半，重症加倍或遵守医嘱。混饲，用卡那霉素或丁胺卡那霉素纯粉 2 克拌料 200 千克。

六、鹅副伤寒

鹅副伤寒又称鹅沙门菌病，是由沙门菌属多种沙门菌感染所引起鹅的一种急性或慢性传染病。可引起雏鹅大批死亡，成年鹅成为带菌者。还可引发人食物中毒，危害很大。

流行特点

本病主要传染源是病鹅和带菌鹅。本病主要的传播途径有：①直接经卵传播。②经被污染的蛋壳及被污染的孵化器、出雏器或育雏器传播。③经消化道、呼吸道及损伤的皮肤感染，由于采食被污染的饲料、饮水等而感染；经吸入带有本菌的绒毛或飞沫而感染。其他动物（畜禽、鼠类和苍蝇等）和人也可传播本病。各种年龄的鹅均可感染，尤以 3 周龄以下的雏鹅多发。

临床症状

本病的潜伏期为数小时至数周。本病主要危害 3 周龄以下的雏鹅，以急性败血型为主。病雏鹅表现食欲废绝、口渴、下痢。病初粪便呈稀粥样，后变为水样，肛门周围有粪便污染（图 3-31），干固后常阻塞肛门，导致排粪困难；眼结膜发炎、流泪、眼睑水肿；鼻流出黏性分泌物；身体衰弱，腿软，不愿走动或行走迟缓，独居一处，呼吸困难。最后病雏鹅出现神经症状，步态不稳，痉挛抽搐，突然倒地，头向后仰，或间歇性痉挛，持续数分钟后死亡，故也称"猝倒病"。病程一般为2~5天。成年鹅感染后不表现明显的临床症状，但生产性能降低，成为带菌鹅。

图3-31　病雏鹅腹泻，肛门周围的羽毛被粪便污染

病理变化　剖检病雏鹅，可见肝脏肿大，呈古铜色，表面常有灰白色或灰黄色坏死灶；胆囊肿胀，充满黏稠的胆汁；脾脏肿大，出现针尖大的坏死点或呈斑驳状（图3-32）；心包炎和心肌炎。最具特征的变化是盲肠肿胀，呈斑驳状，内有干酪样的团块（图3-33）；直肠和小肠后段也有肿胀，呈斑驳状。有的病死雏鹅气囊混浊，常附有黄色纤维素的团块；腿关节主要是膝关节肿胀、有炎症。慢性病例可见肠黏膜坏死、溃疡，肝脏、脾脏、肾脏肿大，心脏有坏死结节，母鹅卵泡偶有变形。

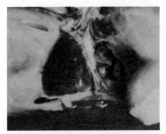

图3-32　病雏鹅脾脏肿大，出现针尖大的坏死点或呈斑驳状

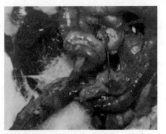

图3-33　病雏鹅盲肠肿胀，内有干酪样的团块

类症鉴别

病名	与鹅副伤寒的相似点	与鹅副伤寒的不同点
鹅伤寒	二者均表现病雏鹅食欲减退，困倦、拉稀；成年鹅厌食，饮水多，下痢，肛门周围有粪污，精神委顿，翅下垂；心包有炎症，肝脏肿大	鹅伤寒多感染大鹅和成年鹅，腹膜炎时如企鹅站立；剖检可见肝脏肿大，呈棕绿色或古铜色，有奶油外观；在鸟氨酸培养基上不脱羧，用病料分离培养鉴定鹅伤寒沙门菌
鹅大肠杆菌病（急性败血症）	二者均表现体温升高，羽毛松乱，呆立，厌食，饮水增加，下痢，肛门周围有粪污	鹅大肠杆菌病病例腹泻剧烈，粪呈黄白色、混有黏液或血液；剖检可见心包炎、腹膜炎及肝脏肿大，有大量纤维素性渗出物充满和包围，通过病原分离和纯培养、染色镜检、生化试验确定大肠杆菌

062　鹅病诊治实操图解

病名	与鹅副伤寒的相似点	与鹅副伤寒的不同点
鹅曲霉菌病	二者均表现精神不振，羽毛松乱，厌食，嗜睡，呆立，翅下垂，下痢，结膜炎	鹅曲霉菌病病例对外界反应淡漠，头颈伸直，张口呼吸，耳听有"沙沙"声，打喷嚏；剖检可见肺有霉菌结节，周围红色浸润，切开干酪样物有层状结构，气囊也有霉菌结节，有时形成霉斑；镜检肺部结节玻璃压片可见曲霉菌的菌丝，气囊结节可见分生孢子柄和孢子
鹅结核病	二者均表现精神委顿，食欲减退，下痢，消瘦，关节炎，产蛋率下降；肝脏、脾脏肿大	鹅结核病的病例表现渐进性消瘦，胸骨凸出，翅下垂；剖检可见肝脏、脾脏、肠道、气囊、肠系膜等均有结核结节（粟粒大、豆大、鸽蛋大）；切开干酪样物，涂片后用萋-尼染色法染色，镜检显示为红色结核分枝杆菌（其他分枝杆菌呈蓝色），禽结核菌素注于肉髯皮内呈阳性反应
鹅住白细胞虫病	二者均表现雏鹅精神萎靡，嗜睡，呆立，闭眼，厌食，下痢，消瘦；肝脏、脾脏有坏死灶	鹅住白细胞虫病病例口中流涎，粪呈绿色，呼吸困难，可因突发咯血而死，青年鹅和成年鹅排水样白色或绿色稀粪；剖检可见全身皮下出血，肌肉（胸肌、腿肌、心肌）有大小不等出血点，各内脏器官有灰白色或浅黄色粟粒大小结节；挑出结节内容物压片，可见裂殖子散出，采翅血管血涂片，瑞氏或姬氏染色可见虫体

预防措施

（1）**雏鹅必须与成年鹅分开饲养** 防止间接或直接的接触。病母鹅所产的蛋不能留作种用。

（2）**防止蛋壳被污染** 应在鹅舍干燥清洁的位置设立足够数量的产蛋槽，槽内勤垫干草，以保证蛋的清洁，防止粪便污染。勤捡蛋，保持种蛋的清洁干净。对那些产在运动场、河岸或河内的蛋严禁用来孵化，因大多已被细菌污染，在孵化过程中可能发生破裂而污染整个孵化器。搜集的蛋应及时入蛋库，并用福尔马林（甲醛）进行熏蒸消毒。蛋库内温度为12℃，相对湿度为75%。孵化器的消毒应在出雏后或入孵前（全进全出）进行；采用循环入孵（即每周入1批蛋）者，应于入孵后12小时内进行福尔马林熏蒸消毒，严禁于入孵后24~96小时内进行消毒，因此时该鹅胚对甲醛甚为敏感。原在孵化器内的已入孵的蛋可能多次受到福尔马林熏蒸消毒，不过没有害处。每立方米容积用15克高锰酸钾、30毫升福尔马林（含甲醛36%~40%）消毒20分钟后，开门或开通气孔通风换气。

（3）**防止雏鹅感染** 接运雏鹅用的木箱或接雏盘于使用前或使用后进行消毒，防止污染。接雏后应尽早供给饮水和饲料，并可在饲料内加入适当的抗菌药物，其用量、用法是每千克饲料加入土霉素 0.2~0.4 克。

（4）**坚持灭鼠，消灭传染源** 鼠类常是本病的带菌者或传播者，它可以污染饲料和鹅舍，成为传染源。

（5）**淘汰病鹅** 消除、净化本病的有效方法是及时捡出并淘汰病鹅，定期严格消毒鹅舍和用具。

治疗方法

在治疗之前进行细菌分离和药敏试验，选择最有效的药物进行治疗。

（1）**磺胺甲嘧啶和磺胺二甲嘧啶** 将两者均匀混在饲料中饲喂，用量为 0.2%~0.4%，连用 3 天，再减半量用 1 周。

（2）**土霉素、四环素** 混入饲料中，用量为 0.02%~0.06%，可连用 2 周。

（3）**链霉素或卡那霉素** 肌内注射，每只每天 2.5 毫升，连用 4~5 天。

（4）**磺胺甲嘧啶与复方磺胺甲噁唑** 按 0.3% 均匀拌料饲喂，连用 7 天。

七、鹅流行性感冒

鹅流行性感冒简称鹅流感，又称鹅渗出性败血症或传染性气囊炎，是由志贺氏败血杆菌引起的一种渗出性、败血性传染病。其发病率和死亡率均很高，一般为 10%~25%，但有时可达 90%~100%。

流行特点

本病菌只侵染鹅，在流行初期，只感染 1 月龄以内的雏鹅，因此，本病又称小鹅流感。在流行后期，成年鹅也会感染。但其他禽类如鸡、鸭等则不感染。所以本病与禽流感是完全不同的两种病。

本病多发生在冬、春季节。大群饲养及环境条件较差时容易发病，常造成严重的损失，本病可通过呼吸道和消化道传染，鹅群感染后，传染快，发病率和死亡率都很高。也有发病轻微，无死亡的。

临床症状

鹅患病初期，鼻腔和口腔不断流出清水，有时还有眼水，呼吸急促，呼吸时发出"咕、咕"的声音，甚至张口呼吸。病鹅为了尽力排出鼻腔黏液，频频摇头，企图把鼻腔里不断流出的黏液、清水甩出去。或将头伸向身躯前部揩擦鼻液，使病鹅身躯前部羽毛上粘有鼻黏液，故见整个鹅群的羽毛又湿又脏。病鹅精神委顿，羽毛蓬松，活动减少，缩颈闭目，食欲减退，头、脚发抖，两脚不能站立，甚至蹲伏在地。体温升高，死前出现下痢，严重病例脚部麻痹无力，不能站立行走，勉强站起来即翻倒，病程为2~4天。死亡率差异很大，重症者全群覆灭，轻的逐渐康复。这与病原的毒力强弱及饲养管理好坏有关。

剖检病鹅缺乏特征性病变，只见肺表面、支气管和气管黏膜附有纤维素性渗出物。皮下、肌肉出血，胸腔、气管、支气管内有充血、出血和有大量半透明的渗出液（图3-34）；气囊混浊，有浅黄色纤维素性渗出物附着（图3-35）；肝脏、脾脏，肾脏瘀血、肿大。有的出现纤维素性心包炎，心内膜和心外膜出血。有的脾脏表面有灰白色坏死点。

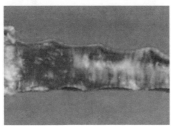 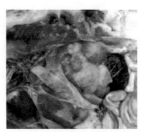

图3-34　病鹅气管充血、出血，黏膜表面有渗出液　　图3-35　病鹅气囊混浊，有浅黄色纤维素性渗出物附着

病名	与鹅流行性感冒的相似点	与鹅流行性感冒的不同点
鹅巴氏杆菌病	二者均表现精神沉郁，食欲减退，拉稀、肠炎	鹅巴氏杆菌病病例肝脏有灰白色坏死点，鹅流行性感冒则无坏死点；鹅巴氏杆菌病流行时，其他畜禽可感染发病，鹅流行性感冒仅发生于鹅
小鹅瘟	二者均表现精神沉郁，食欲减退，拉稀、肠炎	小鹅瘟病例的肠道有特征性病变"腊肠样栓子"，鹅流行性感冒则无此病变；小鹅瘟仅发生于20日龄以内的雏鹅，成年鹅不发病，而鹅流行性感冒成年鹅、雏鹅均可发病

（1）科学饲养管理，增强鹅的抗病力　选择优良、健壮的鹅作为种用。平时要精心喂养，加强管理（如不喂发霉变质的饲料，做好防寒、防暑工作等），以增强鹅体质，提高鹅对疾病的抵抗能力。保持鹅舍通风良好，光线充足。饲养密度要适当，舍

间、运动场等环境要干燥而清洁卫生。要加强防寒保暖措施，对不同日龄的鹅采用合理的饲料配方，饮水和垫草要清洁卫生。

（2）**坚持消毒制度，杜绝传染源**　保持鹅棚舍和运动场排水良好，地面干爽，并要求天天打扫，垫料经常更换。食槽、饮水器经常洗刷、消毒，饲料与饮水保持新鲜、清洁。鹅生活的场地、用具坚持定期消毒，减少病原菌生存和繁殖的机会。发现病鹅应进行隔离治疗，严格消毒圈舍和用具，鹅舍要保持干净、通风。对被污染的地方应进行紧急消毒。

（3）**定期预防接种疫苗，增强鹅的免疫力**　定期进行各种疫苗的预防接种，如禽流感、小鹅瘟、鹅巴氏杆菌病、鹅副黏病毒病、大肠杆菌病等疫苗，要树立防重于治的防疫意识。

治疗方法

（1）**20% 磺胺噻唑钠**　每只鹅肌内注射 1~2 毫升，每天 2 次，连用 2~3 天。

（2）**青霉素加链霉素**　每只鹅肌内注射各 3 万 ~5 万国际单位，每天 2 次，连用 3 天。

八、鹅传染性鼻窦炎

鹅传染性鼻窦炎是由流感菌和志贺氏败血杆菌，以及某种病毒合并感染引起雏鹅的一种呼吸道传染病。成年鹅也可发生。本病发病率高，死亡率低，对鹅生长发育有明显影响。

流行特点

本病多发生于秋末冬初，1~2 月龄鹅最易感染，且症状较重。2 月龄以上的鹅发病较少，症状较轻。本病传染源为带菌鹅和病鹅。通过被污染的空气经呼吸道传染。此外，饲养管理不善、营养不足、受寒、潮湿、密度大等易引起发病。

临床症状

鹅患病初期鼻腔排出浆液性分泌物，不久即变为黏液性，鼻孔周围粘满尘土及异物。病鹅常用力摇头，有时转头用翅膀擦鼻孔，致使翅羽污染秽液。张口、呼吸困难，咳嗽，发出"嘎、嘎"声。精神沉郁，眼肿胀（图 3-36），眶下窦隆起，鼻汁变为黄色、黏稠，混有干酪样或凝乳状物。并发眼角膜炎，食欲废绝，但体温正常。最后病鹅因过度

图 3-36　病鹅精神沉郁，眼肿胀

虚弱或窒息死亡。耐过的病鹅发育受阻，体重减轻，隆起的眶下窦长期不消，部分皮肤上羽毛脱落。

病理变化

剖检可见鼻腔、气管、支气管内有混浊的黏稠状或卡他性渗出物，个别病例症状较轻不易察觉，发生气囊炎可导致气囊壁增厚、混浊，严重者表面覆有黄白色、大小不一的干酪样渗出物（图 3-37）；眶下窦黏膜充血、增厚。自然病例多为混合感染，可见呼吸道黏膜充血、水肿、增厚，窦腔内充满黏液性和干酪样渗出物，严重时在气囊和胸腔隔膜上覆有干酪样物质（图 3-38）。若与大肠杆菌混合感染，可见纤维素性心包炎和肝周炎等。

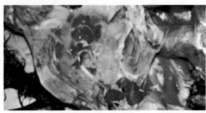 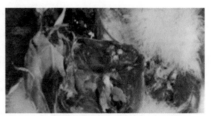

图 3-37　病鹅气囊混浊、不透明，有黄白色渗出物　　　　图 3-38　病鹅气囊有黄白色干酪样渗出物

类症鉴别

病名	与鹅传染性鼻窦炎的相似点	与鹅传染性鼻窦炎的不同点
鹅慢性呼吸道病（支原体病）	两种病呼吸道症状相似，都表现面部肿胀、流鼻液、流泪	鹅传染性鼻窦炎呈急性发生，而慢性呼吸道病是逐渐发病；鹅传染性鼻窦炎仅有少数鹅出现较轻的呼吸啰音和气囊病变，而慢性呼吸道病在这两方面比较突出；磺胺类药物对鹅传染性鼻窦炎有显著疗效，但对慢性呼吸道病例则无效 虽然这两种病有一些不同之处，但他们常相互诱发，共同存在，其症状与病变鉴别往往比较困难。若一时鉴别不清的，可先用链霉素治疗，对两种病均有效
鹅喉气管炎	二者均表现精神萎靡，流鼻液，结膜炎	鹅喉气管炎是由于鹅只受寒感冒、鹅舍潮湿、通风不良及各种气体（如氨气、二氧化碳等）的刺激而引起，不属于传染性疾病；鹅病初精神尚好，但食欲减退，喜饮水，自鼻孔流出黏液，喉头粘有灰白色黏液，呼吸困难，常伸颈张口，呼吸时发出"咯咯"声响，特别是在驱赶之后，症状尤其明显；剖检可见喉气管黏膜充血，渗出性增高，致使喉气管黏膜发炎、充血、有点状出血，并有大量带泡状黏液附着，心包腔积液，胆汁浓稠

1）平时应加强饲养管理，提高雏鹅抵抗力。

2）对发病鹅舍，应将健康鹅全都转移，并用清水冲洗地面后，再用氢氧化钠溶液清洗，最后用福尔马林熏蒸消毒，可大大降低鹅的发病率。

1）先用2%硼酸水清洗鼻腔，再以青霉素或链霉素水溶液滴鼻。病鹅每只可肌内注射青霉素5万国际单位、链霉素0.1克，每天1次，连用3~4天；土霉素每只15~25毫克，混入饲料，每天1次，连续3~4天。

2）用2%碘甘油滴鼻或0.1%硝酸银滴鼻，均可获得一定效果。

3）普息宁注射液，按1∶10倍稀释滴鼻，每天3次，效果很好。

九、鹅葡萄球菌病

鹅葡萄球菌病又称传染性关节炎，是由金黄色葡萄球菌感染所引起的多种临床表现的急性或慢性传染病。雏鹅感染本病，常呈现急性败血型，时有死亡。成年鹅表现为关节炎。

本病对各种年龄的鹅均易感。当饲养管理不当，鹅体表皮肤破损，抵抗力下降时，可通过伤口和消化道感染；鹅群过密，拥挤，鹅舍通风不良，空气污浊，饲料单一，缺乏维生素和矿物质等，均可促使本病发生和增大死亡率。另外，种鹅舍垫草潮湿，粪便污染，可使蛋壳受到污染，因而病菌可侵入蛋内，造成孵化中死亡或成为带菌者。

本病的临床症状有关节炎型，急性败血型、脐炎型等。

（1）**关节炎型**　常见于青年鹅或种鹅。病鹅初期局部发热、发软、疼痛，站立时频频抬脚，驱赶时表现跛行或跳跃式步行，跗、趾关节炎性肿胀，附近的肌腱、腱鞘也发生炎性肿胀（图3-39）。患部呈紫红色或紫黑色，不愿行动，久之肿胀处发硬，有的破溃成黑色结痂，由于行走采食困难而逐渐消瘦，衰竭死亡。

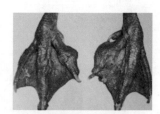

图3-39　病鹅趾关节肿胀

（2）**急性败血型**　病鹅表现精神不振，食欲废绝，两翅下垂，缩颈，嗜睡，下痢，排出灰白色或黄绿色稀粪。典型症状为头颈部、胸腹及大腿内侧皮下浮肿，滞留有数量不等的血样渗出液，外观呈紫黑色（图3-40），手摸有

图3-40　病鹅头颈部皮肤呈紫黑色

波动感，有的自然破溃流出茶色或紫红色液体，污染周围羽毛。

（3）脐炎型 多见于雏鹅，尤其是 1~3 日龄的雏鹅。病雏临床表现为怕冷，眼半闭，翅开张，腹部膨大，脐部肿大发炎，局部呈紫黄色或黄红色，触摸硬实，俗称"大肚脐"，病雏一般 2~5 天内死亡。

剖检关节炎型病鹅，可见关节腔内有浆液性或脓性，后期为干酪样物质。剖检急性败血型病鹅，可见整个胸腹部皮下充血、出血，呈弥漫性紫红色，有大量黄红色胶冻样水肿液，切开胸肌可见肌肉水肿及出血斑或条纹状出血；肝脏肿大、呈紫黄色，有花纹状变化（图 3-41）；脾脏肿大（图 3-42）、呈紫红色，有白色坏死点；心包积液；病程稍长的见有化脓和干酪样坏死的病灶。剖检脐炎型病鹅，可见脐炎和蛋黄吸收不全（图 3-43），且蛋黄常呈稀薄水状。

 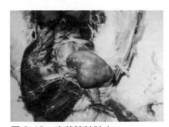 

图 3-41　病鹅肝脏肿大、呈紫黄色　　图 3-42　病鹅脾脏肿大　　图 3-43　病雏脐炎，蛋黄吸收不全

病名	与鹅葡萄球菌病的相似点	与鹅葡萄球菌病的不同点
鹅维生素 E – 硒缺乏症	二者均表现关节肿大，跛行，不愿站立	鹅维生素 E、硒缺乏症的病因是鹅维生素 E、硒缺乏，多于 2~3 周龄发病，雏鹅腹部皮下水肿，针刺流蓝绿色稠液；剖检可见骨骼肌、心肌、胸肌有灰白色条纹，尿中肌酸增多，肌肉内肌酸减少
鹅维生素 K 缺乏症	二者均表现胸腹部皮肤呈紫色，腹泻，卷缩	鹅维生素 K 缺乏症的病因是维生素 K 缺乏；病鹅翅膀皮下出血、有紫斑，冠髯苍白，凝血时间延长，不如葡萄球菌病变严重；病料镜检无菌
鹅痛风	二者均表现关节肿胀，不愿走动，跛行	鹅痛风是日粮中蛋白质过多或氨基酸比例不当而引起的尿酸血症；病鹅排白色黏液状稀便，含有大量尿酸盐，关节出现豌豆、蚕豆大结节，破溃后流黄色干酪样物；剖检可见内脏表面和胸腹膜有石灰样尿酸盐结晶薄膜，关节有白色结晶

病名	与鹅葡萄球菌病的相似点	与鹅葡萄球菌病的不同点
鹅腹水综合征	二者均表现羽毛松乱，皮肤发紫，翅下垂，不愿走动；皮下瘀血，肝脏肿大、微呈紫红色，心包积液	鹅腹水综合征的病因是缺氧、寒冷、饲料高能量，而且仅发生于肉鹅；病鹅腹部膨大、皮肤变薄、有波动，穿刺腹腔后流出大量液体

预防措施

1）注意鹅舍通风，保持清洁卫生，做好鹅舍的消毒，及时更换垫料，避免拥挤。

2）经常注意环境卫生，以及食槽等用具的清洁卫生。鹅的运动场要平整，清除碎铁丝、破玻璃等杂物，尽量避免鹅的外伤发生。种公鹅应断爪，防止抓伤母鹅。发现外伤及时处理。

3）加强饲养管理，减少应激因素。

4）预防幼雏发生脐炎，必须从种鹅群产蛋环境着手，保持蛋的清洁，减少粪便污染。应设足产蛋箱，保持垫草干燥。孵化过程中注意孵化器的洗涤与消毒。对新生雏注意保温，防止挤压，保证饮水清洁。

5）成年鹅游泳活动的池塘水应保持清洁，不能在有污水的池塘中牧鹅。

治疗方法

（1）碘酊 对病鹅局部损伤的感染，可用碘酊棉擦洗病变部位，以加速局部愈合吸收。

（2）硫酸庆大霉素 按每千克体重 3000 国际单位，每天 3~4 次，连用 7 天。

（3）复方泰乐菌素 按 0.05% 混水，让鹅自由饮用，连续饮用 3~5 天。

（4）青霉素 每只雏鹅 1 万国际单位、青年鹅 3 万~5 万国际单位肌内注射，每 4 小时 1 次，连用 3 天。

十、鹅链球菌病

鹅链球菌病是由鹅链球菌感染所引起的一种急性败血性传染病。雏鹅与成年鹅均可感染。

流行特点

本病主要传染源是病鹅和带菌鹅。各种日龄的鹅均可感染发病，但主要是雏鹅。本病传播途径主要是呼吸道及皮肤创伤。受污染的饲料和饮水可间接传播本病，蜱也是传播者。中雏、成年鹅可经皮肤创伤感染；新生雏经脐带感染，或蛋壳受污染后感染鹅胚，孵化后成为带菌鹅。本病无明显季节性，当外界条件变化及鹅舍地面潮湿、空气污浊、卫生条件较差时，鹅体抵抗力下降者均易发病。

病鹅精神沉郁，食欲减退或废绝，羽毛松乱，消瘦，嗜睡；冠髯发紫或苍白，足底皮肤坏死，胫关节肿大，强行驱赶时步态蹒跚，共济失调（图3-44）；拉稀，粪便呈绿色、灰白色；病程短，发病后1~2天死亡，濒死前角弓反张、痉挛。

剖检病鹅，多为急性败血症变化。实质器官出血较为严重，肝脏、脾脏肿大，表面可见局灶性密集的小出血点或出血斑，质地柔软；心包腔内有浅黄色液体即心包炎，心冠脂肪、心内膜和心肌有小出血点；肾脏肿大、出血，肠道呈卡他性肠炎变化。雏鹅卵黄吸收不全，脐炎。成年鹅还有腹膜炎病变。

图3-44　病雏精神不振，胫关节肿大

病名	与鹅链球菌病的相似点	与鹅链球菌病的不同点
鹅巴氏杆菌病	二者均表现精神委顿，闭目嗜睡，缩颈，羽毛松乱，腹泻；肝脏肿大、心外膜有出血点，心包积液、有纤维素	鹅巴氏杆菌病病例口鼻流泡沫黏液，髯热痛；剖检可见鼻腔、皮下组织、肠系膜浆膜、黏膜均有出血点，肠黏膜充血、出血，十二指肠最为严重，黏膜呈暗红色、弥漫性出血，肠内容物含有血液或纤维素；病料涂片镜检可见两极着色的卵圆形短杆菌
鹅大肠杆菌病	二者均表现羽毛松乱，食欲减退或废绝，腹泻，粪呈黄白色，可发生卵囊性腹膜炎，关节炎，跛行；心包、腹腔有纤维素性渗出物，肝脏肿大、肝周炎	鹅大肠杆菌病病例离群呆立，稀粪混有黏液或血液；剖检可见肝脏表面有纤维素性渗出物，甚至被纤维素包围，除急性败血症外，还有卵囊性腹膜炎（腹腔有大量卵黄、有腥臭）、输卵管炎（输卵管充血、出血）、生殖器官病变（输卵管有出血斑、有絮状或块状干酪样物，公鹅睾丸充血）；通过病原分离纯培养，进行染色镜检和生化试验即可确定大肠杆菌
鹅结核病	二者均表现精神不振，食欲减退，拉稀，患关节炎	鹅结核病病例表现渐进性消瘦，胸骨凸出，翅下垂；剖检可见肝脏、脾脏、肠道、气囊、肠系膜等均有结核结节（粟粒大、豆大、鸽蛋大）；切开干酪样物，涂片后用姜-尼染色法染色，镜检显示为红色结核分枝杆菌，禽结核杆菌素注于肉髯皮内呈阳性反应

病名	与鹅链球菌病的相似点	与鹅链球菌病的不同点
鹅李氏杆菌病	二者均表现精神委顿，羽毛松乱，头颈弯曲，头后仰，腿部痉挛或两腿无力，心冠脂肪出血，肝脏肿大、有紫色瘀血斑和坏死灶，肾脏肿大	鹅李氏杆菌病病例皮肤暗紫，翅下垂，倒地侧卧时腿划动或腿部阵发性抽搐；剖检可见肝脏呈土黄色，有的腹腔有大量血样物；病料涂片镜检可见排列呈"V"形的阳性小杆菌，以古巴液1∶1稀释点眼出现脓性结膜炎，不久死亡
鹅住白细胞虫病	二者均表现雏鹅精神委顿，食欲减退，冠苍白，下痢，粪呈绿色，成年鹅产蛋率下降	鹅住白细胞虫病的病原为住白细胞虫；病鹅口中流涎，粪呈白色或绿色水样，发育受阻；剖检可见全身皮下出血，肌肉（胸肌、腿肌、心肌）有大小不等出血点，各内脏器官有灰白色或浅黄色、粟粒大小结节；挑出结节内容物压片，可见裂殖子散出，采翅血管血涂片，瑞氏或姬氏染色可见虫体

预防措施

1）加强饲养管理，注意环境卫生和消毒工作。

2）预防幼雏的脐炎与败血症，应着重防止种蛋的污染，种鹅舍要勤垫干草，保持干燥，勤捡蛋。同时要防止鹅皮肤与脚掌创伤感染。入孵前可用福尔马林熏蒸，出雏后注意保温。

治疗方法

鹅场一旦发生了链球菌病，可用青霉素、链霉素、庆大霉素、强力霉素和复方磺胺甲噁唑进行治疗。

（1）**复方磺胺甲噁唑** 按0.04%的比例均匀拌料饲喂，即每100千克饲料中加入40克复方磺胺甲噁唑，连用3天。

（2）**强力霉素** 口服，按每只鹅每次10~20毫克，每天1次；或按每升饮水中加入50~100毫克，让鹅自由饮用；也可按每千克饲料中加入0.1~0.2毫克，让鹅自由采食，连用3~5天。

十一、鹅结核病

鹅结核病是鹅型结核杆菌感染所引起的以慢性经过为主的一种细菌性传染病，特别是在种鹅群中流行最为严重。

患结核病的鹅、鸭在一起饲养，可以互相传染，结核菌通过病禽粪便、排泄物和分泌物污染土壤、禽舍、用具、饲料和饮水，当健康鹅摄食后，病菌就侵入消化道而发生感染。也可经呼吸道感染。

本病潜伏期很长，为2~12个月。病程发展缓慢，病初常无明显的症状。只有当病灶发展广泛，机体因吸收组织和细菌的分解产物而引起中毒时病鹅才出现明显消瘦。喜伏，离群独处，羽毛松乱无光泽，精神委顿，最后极度衰弱死亡。

特征性的病变在内脏器官，尤以肝脏的病变较多见。肝脏肿大，表面有灰白色或黄色绿豆粒大至黄豆粒大的结核结节（图3-45），切开结节时，可见结节外面有一层纤维素包膜，里面充满乳白色干酪样物质。只有当经呼吸道吸入感染时，才在肺和其他脏器中见到结节病变（图3-46）。

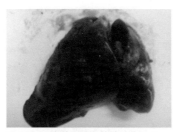 

图3-45　病鹅肝脏有结核结节　　　图3-46　病鹅肺有结核结节

病名	与鹅结核病的相似点	与鹅结核病的不同点
鹅伤寒	二者均表现精神委顿，羽毛松乱，贫血，腹泻；肺、肝脏有坏死灶	鹅伤寒病例体温升高，发生卵黄性腹膜炎时像企鹅样站立；剖检可见肝脏呈棕绿色或古铜色（雏鹅变红），肝脏、肺、肌胃均有灰色坏死灶（不形成结节）；用病料分离培养可鉴定鹅伤寒沙门菌
鹅副伤寒	二者均表现精神委顿，食欲减退，下痢，消瘦，关节炎，产蛋率下降；肝脏、脾脏肿大	鹅副伤寒病例剖检可见出血性坏死性肠炎、心包炎、腹膜炎，输卵管坏死性增生性病变，卵巢化脓性坏死性病变，以克隆抗体和核酸探针为基础的检测沙门菌诊断药盒容易做出诊断
鹅大肠杆菌病	二者均表现精神不振，食欲减退或废绝，羽毛松乱，腹泻，关节炎；肝脏、脾脏有结节块（肉芽肿）	鹅大肠杆菌病病例排黄白色带血稀粪；剖检可见心包、肝脏、腹膜有纤维性炎，有大量纤维素性渗出物；通过分离培养、染色镜检和生化试验确诊

病名	与鹅结核病的相似点	与鹅结核病的不同点
鹅链球菌病	二者均表现精神委顿，食欲减退或废绝，羽毛松乱，冠髯苍白，腹泻，消瘦，关节炎	鹅链球菌病病例嗜睡、昏睡，肉垂发紫，慢性轻瘫，跗、趾关节炎，足底皮肤坏死；剖检可见败血型皮下、浆膜水肿，心包、腹腔浆膜有出血性纤维素性渗出物，其他脏器均有出血点；病料涂片、染色镜检可见单个或短链排列的球菌
鹅曲霉菌病	二者均表现精神不振，呆立，羽毛松乱，逐渐消瘦，贫血，肺、气囊有结节，切开呈干酪样	鹅曲霉菌病病例发病时闭目昏睡，呼吸困难，摇头甩鼻，成年鹅也有呼吸困难；剖检可见肺有霉菌结节（粟粒至绿豆粒大），呈灰白色、黄白色、浅黄色，周围有红色浸润，柔软，干酪样物有层状结构，气囊的霉菌结节呈烟绿色或深褐色，用手拨动有粉状物飞扬；霉菌结节置玻片上加生理盐水，镜检肺部可见曲霉菌的菌丝，气囊可见分生孢子柄和孢子
鹅巴氏杆菌病	二者均表现精神不振，食欲减退，关节炎，腹泻	鹅巴氏杆菌病病例口鼻流泡沫性黏液，剧烈腹泻、粪呈灰黄色或灰绿色；剖检可见皮下组织、腹腔脂肪、肠系膜、黏膜、浆膜有出血点，胸腔气囊、肠浆膜有纤维素性或干酪样渗出物；病料涂片镜检可见两极着色的短杆菌

防治措施

当种鹅患结核病时，药物治疗的实际价值不大，必须采取措施，杜绝传染。

1）当种鹅群发现有结核病时，病鹅必须立即隔离淘汰，烧毁或深埋，不使雏鹅群与之接触。

2）对病鹅可能污染过的鹅舍、场地、用具等均应彻底清洗、消毒。污染的运动场应铲去一层约20厘米厚的表土，让日光充分曝晒，然后撒上一层生石灰，再盖上一层干净的砂土。

3）如果鹅群不断出现结核病鹅，应更新鹅群或淘汰消瘦老鹅。

十二、鹅伪结核病

鹅伪结核病是由伪结核耶尔赞氏菌感染所引起的一种接触性传染病。可发生于鸭、鹅、火鸡、鸡、珍珠鸡及一些鸟类，特别是幼禽。此外，还可发生于多种哺乳动物。

本病主要传染源是病鹅和哺乳动物。其排泄物污染了土壤、饲料、饮水，经消化道、破损的皮肤或黏膜进入血液而感染，应激因素如受寒、饲养管理不良、寄生虫侵袭等使鹅体抵抗力降低，在本病的发生上起着重要的作用。易感者为鸭、鹅、鸡等，尤其雏鹅最易感。人也能被感染致病。本病多散发。

本病的症状变化相当大。急性型病例无任何症状而突然死亡。慢性型病例表现精神沉郁，食欲减退或废绝；两腿发软，行走困难，喜蹲卧，低头缩颈；眼半闭或全闭，流泪，呼吸困难，腹泻也较为常见；病后期表现嗜睡、便秘、消瘦、极端衰弱和麻痹。

剖检病鹅可见肝脏、脾脏肿胀，表面均见有粟粒大小的黄白色坏死灶（图3-47、图3-48）；通常可见有严重的肠炎变化，肠壁增厚，黏膜充血或出血，气囊增厚，或有大小不等的坏死灶；心内、外膜出血，心包积液。

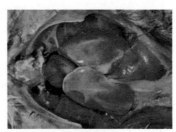 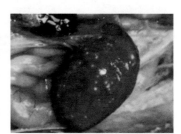

图 3-47　病鹅肝脏肿大　　　　　　　图 3-48　病鹅脾脏肿大，表面有黄白
色坏死灶

病名	与鹅伪结核病的相似点	与鹅伪结核病的不同点
鹅巴氏杆菌病	二者均表现精神不振，食欲减退，腹泻	鹅巴氏杆菌病病例口鼻流泡沫性黏液，剧烈腹泻、粪呈灰黄色或灰绿色；剖检可见皮下组织、腹腔脂肪、肠系膜、黏膜、浆膜有出血点，胸腔气囊、肠浆膜有纤维素性或干酪样渗出物；病料涂片镜检可见两极着色的短杆菌
鹅结核病	二者均表现精神不振，食欲减退，拉稀	鹅结核病病例表现渐进性消瘦，胸骨凸出，翅下垂；剖检可见肝脏、脾脏、肠道、气囊、肠系膜等均有结核结节（粟粒大、豆大、鸽蛋大）；切开干酪样物，涂片后用萋－尼染色法染色，镜检显示为红色结核分枝杆菌，禽结核杆菌素注于肉髯皮内呈阳性反应

由于本病尚无特异的预防制剂，因此主要依靠加强饲养管理来预防。鹅发病后及时隔离、消毒或淘汰。

（1）磺胺对甲氧嘧啶　按 0.05%~0.2% 比例均匀混于饲料中饲喂，连用 3~4 天。

（2）硫酸链霉素与四环素　硫酸链霉素，按每升水 0.5 毫克，连饮 2 天后，再用四环素，药量按每升水 0.5 毫克，连饮 3~5 天，可减少死亡。

十三、鹅丹毒

鹅丹毒是丹毒杆菌引起鹅的一种急性败血性传染病。其死亡率为 5%~25%。

本病主要传染源是病鹅和带菌鹅，以及猪、羊等。各种日龄的鹅均易感，但以 2~3 周龄多发。

本病可通过污染的饲料、饮水、土壤、鹅舍和用具等，经消化道、皮肤伤口、破损黏膜等途径感染。某些吸血蚊、蝇可作为本病的传播媒介。

病鹅全身虚弱，精神沉郁，体温升高，羽毛蓬松，呼吸困难，腹泻和猝死，主要表现为败血症，皮肤出血或出现紫色斑。

剖检病鹅，可见肝脏、脾脏充血、出血、肿大（图 3-49），有针尖大的米黄色病变，心外膜有小点状出血，特别是在冠状沟和纵沟部较多见；肺和小肠均有充血、出血病变，慢性病例常有股径关节肿大。

图 3-49　病鹅肝脏肿大、充血、出血

病名	与鹅丹毒的相似点	与鹅丹毒的不同点
鹅副伤寒	二者均表现精神委顿，食欲减退，下痢，消瘦	鹅副伤寒病例剖检可见出血性坏死性肠炎、心包炎、腹膜炎，输卵管坏死性增生性病变，卵巢化脓性坏死性病变；使用以克隆抗体和核酸探针为基础的检测沙门菌诊断药盒容易做出诊断
鹅大肠杆菌病	二者均表现精神不振，食欲减退或废绝，羽毛松乱，腹泻	鹅大肠杆菌病病例排黄白色带血稀便；剖检可见心包、肝脏、腹膜有纤维性炎，有大量纤维素性渗出物；通过分离培养、染色镜检和生化试验确诊

病名	与鹅丹毒的相似点	与鹅丹毒的不同点
鹅巴氏杆菌病	二者均表现精神不振，食欲减退，腹泻	鹅巴氏杆菌病病例口鼻流泡沫性黏液，剧烈腹泻、粪呈灰黄色或灰绿色；剖检可见皮下组织、腹腔脂肪、肠系膜、黏膜、浆膜有出血点，胸腔气囊、肠浆膜有纤维素性或干酪样渗出物；病料涂片镜检可见两极着色的短杆菌
鹅链球菌病	二者均表现精神委顿，食欲减退或废绝，羽毛松乱，腹泻，消瘦	鹅链球菌病病例嗜睡、昏睡，肉垂发紫，慢性轻瘫，跗趾关节炎，足底皮肤坏死；剖检可见败血型皮下、浆膜、肌肉水肿，心包、腹腔浆膜有出血性纤维素性渗出物，其他脏器均有出血点；病料涂片、染色镜检可见单个或短链排列的球菌

预防措施

　　（1）加强饲养管理　饲喂全价饲料，增强鹅体抵抗力。不要饲喂不洁的淘汰鱼及其下脚料。

　　（2）定期消毒　做好鹅舍、场地及用具的消毒，及时更换垫料，保持环境清洁卫生。

治疗方法

　　一旦发现本病，对发病鹅及时隔离治疗。青霉素为首选药物，每只雏鹅肌内注射2万~4万国际单位。其他药物如庆大霉素、土霉素、磺胺类药物均有良好的治疗效果。病死鹅要集中烧毁。

十四、鹅坏死性肠炎

　　鹅坏死性肠炎是由产气荚膜杆菌引起的一种肠道传染病，其主要临床特征为病鹅腹泻，排灰白色或黄绿色稀便。

流行特点

　　本病多发于温度和湿度较高的4~9月，以2~5周龄的肉用鹅和5周龄以上的育成鹅，尤其是3周龄的肉用鹅发生较多。以突然发病和急性死亡为特征。

临床症状

　　急性死亡鹅一般无明显的临床症状，稍慢者可见精神沉郁，食欲减退，渴欲增加、懒动。腹泻，排灰白色或黄绿色稀粪，污染肛门部羽毛。全身羽毛蓬乱。濒死期，鹅站立不稳或瘫痪，头颈触地，病程多为1~2天。

病变主要在小肠后段，尤其是回肠和空肠部分，盲肠偶有病变。急性死亡病例主要病变为十二指肠出血性肠炎，肠壁有小出血点，病程稍长者可见空肠、回肠黏膜出现坏死及溃疡灶，肠壁增厚，黏膜可见周边有出血的黄色小坏死灶、溃疡灶（图 3-50）。随着溃疡灶增大，周边出血消失，溃疡灶呈凸起或粗糙的圆形或不规则形，有的可融合成大的坏死斑，肠内容物呈棕褐色，上附着疏松或致密的黄白色或灰绿色纤维素性伪膜（图 3-51）。

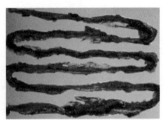

图 3-50　病鹅肠管充满血液，黏膜　　图 3-51　病鹅肠黏膜表面覆盖一层
弥漫性出血　　　　　　　　　　　　　　纤维素性伪膜，黏膜出血

肝脏肿大、呈浅黄色，表面有散在的大小不一的黄白色坏死斑点，边缘或中心常有大片黄白色坏死区；脾脏充血、肿大、呈紫黑色，表面常有出血斑点。

病名	与鹅坏死性肠炎的相似点	与鹅坏死性肠炎的不同点
鹅溃疡性肠炎	二者均表现精神委顿，羽毛松乱，消瘦，腹泻；肠炎，肝脏、脾脏肿大	鹅溃疡性肠炎的病原为鸭瘟病毒；其主要特征是病鹅头颈肿大、两脚麻痹；食道黏膜有纵行排列的灰黄色伪膜覆盖，腺胃与食道膨大部的交界处或与肌胃的交界处常见有出血带
鹅组织滴虫病	二者均表现精神沉郁，食欲减退或废绝，羽毛松乱，排血样粪便	鹅组织滴虫病的病原为组织滴虫；病鹅畏寒，排浅黄色或浅绿色稀便，严重时大量排血，末期头部发紫（称黑头病）；剖检可见盲肠增厚，充满浆液性出血性渗出物形成干酪样盲肠肠芯，黏膜有溃疡或穿孔，肝脏呈紫褐色、表面有黄绿色圆形凹陷；将盲肠内容物做悬滴镜检，可见组织滴虫
鹅绦虫病	二者均表现精神沉郁，食欲减退或废绝，羽毛松乱，下痢、粪中带血	鹅绦虫病的病原为绦虫；病鹅粪检可见虫卵、孕育结片、卵带；剖检肠内有绦虫

1）加强饲养管理，提高鹅的自身抵抗力。

2）采取消毒、隔离措施。加强对饲养，运输、屠宰、销售等各个环节的场地、用具、器具的全面消毒，平时做好鹅舍的清洁卫生和消毒工作。可使用癸甲溴铵等消毒药进行消毒。

3）保证饲料和饮水的新鲜、卫生，粪便要勤清理，垫草勤换。避免拥挤、过热、过食等不良因素刺激。

4）有效地控制球虫病的发生，防止本病并发。

治疗方法

（1）**泰乐菌素原粉** 按每克泰乐菌素原粉兑水 20 千克，全群饮水。

（2）**林可霉素** 按每千克体重 15 毫克，肌内注射，每天 1 次，连用 3 天可迅速控制病情。

十五、鹅李氏杆菌病

鹅李氏杆菌病是由单核细胞李氏杆菌感染所引起的一种败血性传染病，也是一种人、畜、禽、兽共患的传染病。

流行特点

本病主要传染源是病鹅和带菌鹅或其他动物。多种家禽均可感染。受感染但临床症状不明显的鹅，其体内的病原菌常由粪便和鼻腔分泌物排出而污染饲料和饮水，易感鹅通过消化道、呼吸道、眼结膜及破损皮肤感染。营养不良、天气骤变、体内寄生虫或沙门菌感染，均可成为发病诱因。本病多呈散发，一般发病率不高，但死亡率高。

临床症状

本病一般无特征性症状，主要为败血症，病鹅表现精神沉郁，食欲废绝，下痢，短时间内死亡（图 3-52）。病程较长者表现神经症状，共济失调，仰头或斜颈（图 3-53）。成年鹅两脚麻痹，卧地不起或倒地侧卧（图 3-54），雏鹅发生结膜炎（图 3-55）。

图 3-52 病鹅表现为败血症的症状，突然死亡

图 3-53 病鹅头颈侧弯、仰头或头颈弯曲呈弓状

图 3-54 病鹅精神委顿，羽毛蓬乱，独居一隅，卧地不起或倒地侧卧

图 3-55 患病雏鹅出现结膜炎

病理变化

剖检可见心外膜有出血点，心肌变性和坏死，大多数呈急性、卡他性胃肠炎。

类症鉴别

病名	与鹅李氏杆菌病的相似点	与鹅李氏杆菌病的不同点
鹅链球菌病	二者均表现精神委顿，羽毛粗乱，冠髯发紫，头颈弯曲、仰头，腿部痉挛或两腿软弱无力；心冠脂肪有出血点，肝脏肿大、有紫色瘀血斑和坏死灶，肾脏肿大	鹅链球菌病的病原为链球菌；病鹅腿部轻瘫，跗趾关节肿大、跛行，足底皮肤组织坏死，有的羽翅发炎、流分泌物，结膜炎、流泪；剖检可见肝脏呈暗紫色，脾脏有出血性坏死，肺瘀血、水肿，喉干酪样坏死，气管、支气管充满黏液；用肝脏、脾脏血液涂片，亚甲蓝、瑞氏或革兰染色镜检，可见到蓝紫色或革兰阳性单个或短链排列的球菌
鹅维生素 B_1 缺乏症	二者均表现毛粗乱，食欲减退，两肢无力、行动不稳，仰头，两翅下垂，有的乱闯	鹅维生素 B_1 缺乏症的病因是维生素 B_1 缺乏，饲料中缺乏谷类籽实，或吃鲜鱼虾和软体动物或蕨类植物较多；病鹅脚趾屈肌先麻痹，接着向大腿、翅、颈发展
鹅维生素 B_6 缺乏症	二者均表现无目的地乱跑，翻倒在地抽搐，以致衰竭死亡	鹅维生素 B_6 缺乏症的病因是维生素 B_6 缺乏；病鹅表现为食欲减退，生长不良，贫血，惊厥乱跑时翅膀扑击，有的无神经症状，跗跖关节弯曲，成年鹅产蛋率下降
鹅一氧化碳中毒	二者均表现精神委顿，毛粗乱，呆立，瘫痪，阵发抽搐	鹅一氧化碳中毒的病因是一氧化碳中毒；流泪呕吐，重时昏睡，死前痉挛或惊厥；剖检可见血管及脏器内血液鲜红，心肌纤维坏死

预防措施

1）加强饲养管理，特别是育雏期管理，饲喂全价饲料，增强鹅体抗病能力。

2）做好鹅舍、场地及用具的消毒，及时更换垫料，保持饲料、饮水和环境清洁卫生。

3）发病后要立即隔离，淘汰病鹅，及时消毒被污染的环境，病死鹅要集中烧毁。

治疗方法

可选用四环素、青霉素和卡那霉素，同时要加强护理，但用药前，最好先进行药敏试验。

（1）**青霉素**　按每只鹅2000国际单位，均匀拌料或混于饮水中饲喂，连用3~5天。

（2）**四环素**　按每千克体重200~800毫克均匀拌料，连用3~5天。

（3）**卡那霉素**　按每只鹅每天肌内注射10万国际单位，连用3~4天；或按每升饮水300~1200毫克均匀混合饲喂。

十六、鹅传染性关节炎

鹅传染性关节炎是由多种细菌引起的一种全身或局部感染的急性和慢性疾病，它致使病鹅逐渐消瘦而不得不大量淘汰、处理，或因死亡而造成一定的经济损失。

流行特点

本病主要传染源是病鹅和带菌鹅。除鹅以外，鸡、火鸡、鸭、鸽等均可发生。没有明显的季节性。育成鹅、种鹅发生较多，而雏鹅发生较少。发病与品种有一定关系，肉鹅发病较多。

本病的感染途径主要有两个：一是经消化道感染，而关节炎是属于继发感染，如正常鹅群在户外散养或放养，由于卫生条件差，鹅采食了被鼠伤寒沙门菌和肠炎沙门菌污染的饲料，尤其是鱼粉而感染；二是经局部感染，由于皮肤擦伤或抓伤使葡萄球菌、链球菌、假单胞杆菌等细菌侵入感染。

本病也可经蛋垂直感染或出壳后感染而成为带菌者，在适当的应激条件下引起发病并继发关节炎。

临床症状

病鹅以关节发生炎性肿胀及功能障碍为其主要症状。以跗关节发病率最高，其次是膝关节、髋关节和趾关节，翅关节发生最少。发病关节肿胀，呈紫红色，触诊有热感。病初局部较软，而后逐渐变硬，不能伸屈，表现严重跛行或不能行走。采食减少，逐渐消瘦，甚至引起死亡。

病理变化

剖检可见关节肿胀，关节囊内积有大量混浊的含有纤维素性的炎性渗出物，混有血液时渗出液呈红褐色。病程长的病例，呈渗出性坏死性病变，积蓄物为灰黄色干酪样物。有些病鹅的腱鞘发炎肿胀，有炎性渗出物（图 3-56）。

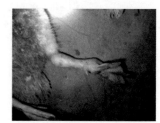

图 3-56 病鹅腱鞘发炎肿胀，有炎性渗出物

类症鉴别

病名	与鹅传染性关节炎的相似点	与鹅传染性关节炎的不同点
鹅维生素E-硒缺乏症	二者均表现关节肿大，跛行，不愿站立	鹅维生素E－硒缺乏症的病因是鹅维生素E、硒缺乏，多于2~3周龄发病；雏鹅腹部皮下水肿，针刺流蓝绿色稠液；剖检可见骨骼肌、心肌、胸肌有灰白色条纹，尿中肌酸增多，肌肉内肌酸减少

病名	与鹅传染性关节炎的相似点	与鹅传染性关节炎的不同点
鹅痛风	二者均表现关节肿胀，不愿走动，跛行	鹅痛风是日粮中蛋白质过多或氨基酸比例不当而引起的尿酸血症；病鹅排白色黏液状稀便，含有大量尿酸盐，关节出现豌豆、蚕豆大结节，破溃后流黄色干酪样物；剖检可见内脏表面和胸腹膜有石灰样尿酸盐结晶薄膜，关节有白色结晶
鹅结核病	二者均表现精神不振，食欲减退，拉稀，患关节炎	鹅结核病病例表现渐进性消瘦，胸骨凸出，翅下垂；剖检可见肝脏、脾脏、肠道、气囊、肠系膜等均有结核结节（粟粒大、豆大、鸽蛋大）；切开干酪样物，涂片后用姜 – 尼染色法染色，镜检显示为红色结核分枝杆菌，禽结核杆菌素注于肉髯皮内呈阳性反应

预防措施

1）加强鹅群的饲养管理，搞好鹅舍及运动场地的清洁卫生，注意预防沙门菌的污染和感染，减少带菌鹅。

2）严格进行定期和经常性的消毒，及时清除粪便。

3）注意做好种蛋及孵化设备孵化前的清洁、消毒工作。

4）采用网上育雏与"全进全出"的饲养制度，即整批进整批出，该群饲养期间不得引进新的鹅只，并于离开圈后立即进行彻底消毒。

5）饲料要注意保管，尤其是鱼粉或肉粉，防止沙门菌的污染。

6）注意运动场地和放牧路线地面平整，不得用煤灰渣等尖锐废物垫地面，清除鹅舍垫草内的尖锐物体，以免刺伤脚掌而引起感染。

治疗方法

根据所分离的细菌及药敏试验结果而选择治疗药物。一般选用土霉素、卡那霉素等，均匀混于饲料或混于饮水，连用5~7天，都有一定的疗效。

十七、鹅曲霉菌病

鹅曲霉菌病又名鹅霉菌性肺炎，是由曲霉菌感染所引起的一种常见的真菌病。其主要特征是雏鹅易发，并呈急性暴发，呼吸道发生炎症，尤其是肺和气囊，常会造成大批死亡。

各种家禽和野生禽类对曲霉菌都有易感性。雏鹅对烟曲霉菌最易感，常急性暴发和群发。成年鹅个别发生。人、畜也可感染，但少见。

引起本病流行的主要传染源是污染的垫料、空气和发霉的饲料。传播途径主要是呼吸道和消化道。此外，本病也可经被污染的孵化器传播，当鹅孵出后1日龄即可发病死亡，4~12日龄是流行高峰期，以后逐渐减少。育雏阶段饲养管理差，卫生条件不良，室内温差大，通风换气不好，过分拥挤，阴暗潮湿及营养不良等因素均可诱发本病的流行。

临床症状

病鹅呼吸困难，呼吸次数增加，张口吸气时常见颈部气囊明显胀大，一起一伏，呼吸时如同打喷嚏样。当气囊破裂时，呼吸时发出"嘎嘎"声，有时闭眼伸颈，体温升高，眼、鼻流液，有甩鼻涕现象，迅速消瘦（图3-57）。后期出现腹泻，吞咽困难，终因麻痹而死。有些日龄较大的放牧鹅，常发生霉菌性眼炎，其特征是眼睑黏合而失明，当眼分泌物积聚多时，使眼睑凸鼓。鹅的日龄越大，病程越长，死亡率越低。

图3-57　患病雏鹅伸颈，张口呼吸

病理变化

病鹅肺和气囊发生炎症，有时在鼻腔、喉部、气管和支气管发生炎症。典型的病例在肺部可见针尖大到粟粒大、呈灰白色或黄白色的霉菌结节（图3-58～图3-60）。结节量多而互相融合时，形成较大的结节。结节质软，富有弹性或软骨状，切面中心呈均质干酪样的坏死组织，周围的充血区比较整齐。有些急性病例，肺部出现局部性或弥散性肺炎，肺组织肝变，部分肺泡气肿。呼吸道被损害时，有浅黄色或浅红色渗出物。有时在肺、气囊或腹腔内有肉眼可见到的成团霉菌斑。

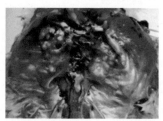

图3-58　病鹅肺表面大小不一的霉菌结节

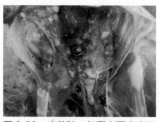

图3-59　病鹅肺、气囊表面大小不一的霉菌结节

图3-60　病鹅肺中成团的霉菌

类症
鉴别

病名	与鹅曲霉菌病的相似点	与鹅曲霉菌病的不同点
鹅副伤寒	二者均表现精神不振，羽毛松乱，嗜睡，呆立，翅下垂，下痢，结膜炎	鹅副伤寒的病原为副伤寒沙门菌；病鹅饮水增加，呈水样下痢，近热源拥挤；剖检可见肝脏、脾脏充血，有出血条纹和出血点、坏死点，心包粘连，用克隆抗体和核酸探针为基础的检测沙门菌诊断药盒容易做出诊断
鹅隐孢子虫病	二者均表现精神不振，打喷嚏，闭目嗜睡，翅下垂，食欲减退或废绝，伸颈张口呼吸，呼吸困难	鹅隐孢子虫病的病原为隐孢子虫；剖检可见喉气管水肿，有较多泡沫性液体和干酪样物，肺脏侧严重充血、有灰白色硬斑，切面多渗出液；生前取呼吸道黏液用饱和白糖溶液将卵囊浮集、镜检可见包裹内含 4 个裸露的香蕉形子孢子和一个大残体
鹅线虫病（气管比翼线虫）	二者均表现精神不振，食欲减退或废绝，伸颈张口呼吸，摇头甩鼻，呼吸困难	鹅线虫病的病原为比翼线虫；病鹅口内充满泡沫状唾液，后期呼吸困难，窒息死亡；剖检口腔、喉头可见叉子形虫体
鹅舟形嗜气管吸虫病	二者均表现喘气，伸颈张口呼吸	鹅舟形嗜气管吸虫病的病原为舟形嗜气管吸虫，可能在水中啄食水螺或用碎螺做饲料而感染，气管、支气管、气囊黏液中可以检出虫体
鹅结核病	二者均表现精神不振，呆立，羽毛松乱，贫血，产蛋率下降，病程长（数周或数月）；肺、气囊有结节	鹅结核病的病原为结核杆菌；病鹅表现渐进性消瘦，胸骨凸出，翅下垂，剖检可见肝脏、脾脏、肠道、气囊、肠系膜等均有结核结节（粟粒大、豆大、鸽蛋大），切开干酪样物，涂片后用姜－尼染色法染色，镜检显示为红色结核分枝杆菌

预防
措施

　　1）加强雏鹅的饲养管理，搞好环境卫生，特别是鹅舍的通风，防止潮湿。不要喂发霉饲料，不要垫霉变的垫料。

　　2）做好消毒工作，鹅舍经常用 0.5% 新洁尔灭或 0.5%~1% 福尔马林（40% 的甲醛）熏蒸消毒。注意孵化器和育雏室的清洁卫生和消毒；种蛋入孵前或入孵后 12 小时内用福尔马林熏蒸消毒，以杀灭孵化器和蛋壳表面的霉菌孢子及其他细菌和病毒，并能提高雏鹅的成活率。

　　3）如果鹅群已被感染发病，则应及时隔离病雏，清除垫料和更换饲料，彻底消毒鹅舍，并在饲料中加入 0.1% 硫酸铜溶液，以防再发病。更换放牧地，脱离污染环境。

治疗方法

（1）**制霉菌素**　按每 80 只雏鹅 1 次使用 50 万国际单位的用量均匀拌于饲料中，每天 2 次，连用 3 天，具有一定的疗效。

（2）**碘化钾溶液**　每 1000 毫升饮水中加碘化钾 5~10 克，连用 3~5 天。

（3）**硫酸铜溶液**　以 1∶2000 倍稀释，用水稀释液供发病鹅群饮用，连用 3~5 天。

（4）**2% 金霉素溶液**　肌内注射，每天 3 次，每次 2 毫升 / 只，连用 3 天，有较好疗效。

十八、鹅支原体病

鹅支原体病包括败血支原体感染和滑液囊支原体感染。

流行特点

本病病原分别为鹅毒支原体和滑液囊支原体。鹅毒支原体主要引起鹅和火鸡发生慢性呼吸道病，滑液囊支原体主要引起鹅和火鸡发生滑液囊炎。本病的危害主要是造成病鹅生产性能下降（如生长速度下降、产蛋率下降、渐进性消瘦等）。近年发现上述 2 种感染存在于鸭群和鹅群中，尤其是中、成年鸭与鹅感染严重。并且鸭、鹅的感染率逐年增高，危害性逐年增大。

临床症状

（1）**败血支原体感染**　其临床症状为鼻窦肿胀、咳嗽、喘气、流涕、逐渐消瘦，种鹅产蛋率、受精率、孵化率下降，病鹅陆续发生死亡（图 3-61）。

（2）**滑液囊支原体感染**　病鹅主要症状为跛行，跗关节肿大，逐步消瘦、死亡。

图 3-61　病鹅鼻窦肿胀、咳嗽

病理变化

（1）**败血支原体感染**　剖检可见气囊壁混浊，心包膜增厚，肺充血或肺泡中有较多的黏液。鼻窦腔有黏液性渗出物，鼻窦黏膜充血，气管渗出液增加，眼结膜充血，有干酪样渗出物等（图 3-62）。

（2）**滑液囊支原体感染**　剖检可见其跗、跖关节肿胀，关节腔内含有一定量的混浊渗出液，病鹅的其他关节腔（如翅部关节腔、趾爪部关节腔）和胸部滑液囊也可能积聚有较多量的混浊渗出液（图 3-63）。

图 3-62 病鹅胸气囊壁混浊，有黄白色干酪样物

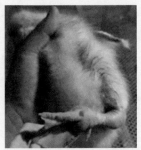

图 3-63 病鹅跗、跖关节肿胀

病名	与鹅支原体病的相似点	与鹅支原体病的不同点
鹅大肠杆菌病	二者均表现精神沉郁，食欲减退，咳嗽、流涕及跗关节炎	鹅大肠杆菌病病例气囊腔、心包腔、肝脏表面、腹腔均可见有大量灰白色的纤维素性渗出凝固物，鹅支原体病一般没有这些明显的病变
鹅鸭疫里默氏杆菌感染	二者均表现精神沉郁，食欲减退，咳嗽、流涕及跗关节炎	鹅鸭疫里默氏杆菌感染虽然有类似支原体病的鼻窦炎、跗关节炎等，但其病变更为严重和明显，病鹅鼻窦部可能出现严重的肿大，而且鹅鸭疫里默氏杆菌感染主要发生于雏鹅

预防措施

1）由于不少鹅群都携带有本病的病原，所以新建鹅场的设置应远离发病鹅群，以防止病原传入。

2）本病病原体易随病鹅呼吸道排出，污染空气、饮水，而经呼吸道、消化道感染其他健康鹅，故对鹅群中出现的病鹅要及时淘汰，并经常使用可带鹅消毒的消毒药，如癸甲溴铵等对栏舍、用具、空气、环境进行喷雾消毒。

3）本病的感染发病具有一定的条件，饲养管理好、营养水平适当时，鹅群发病率明显下降。故应加强对鹅群的饲养管理，经常保持环境清洁，通风干爽，防止过冷过热的刺激，定期适当地在饲料中添加一定量的维生素 A、维生素 E 等，以增强鹅体黏膜的抵抗力。

4）对常发生本病的鹅场，可使用鹅毒支原体 - 滑液囊支原体二联灭活疫苗做免疫接种。对于肉鹅可于 5~10 日龄经皮下注射接种 1 次，0.5 毫升 / 只，对种鹅可分别于 5~10 日龄、35~40 日龄、产蛋前 15~20 天和产蛋中期各经皮下或肌内注射接种 1 次，其剂量依次为 0.25 毫升 / 只、0.5 毫升 / 只、1~1.5 毫升 / 只，以后每年于春、秋季各接种 1 次，每次 1~1.5 毫升 / 只。

治疗方法

发生本病时，可以选用下述药物治疗：恩诺沙星、盐酸林可霉素硫酸大观霉素、红霉素、泰乐菌素、延胡索酸泰妙菌素（支原净）等。

另外，防治本病时，应注意鹅有无合并感染大肠杆菌病、鸭疫里默氏杆菌病等，根据实际情况实施联合防治。

十九、鹅衣原体病

衣原体病又称鹦鹉热或鸟疫，是由鹦鹉热衣原体感染所引起的各种畜、禽和人类共患的一种传染病。本病的主要临床特征是结膜炎、鼻炎及腹泻。

流行特点

本病主要传染源是病鹅和带菌禽类。鹅的衣原体病一般较轻，很少造成流行暴发，常呈现无症状感染。但在逆境条件下，如饲养密度过大、通风不良、受寒、营养不良及有其他感染并发等情况下，易造成流行，如沙门菌、多杀性巴氏杆菌等。各种家禽、野禽均能相互传染。衣原体在鹅之间的传播主要通过空气经呼吸道感染；也可通过蛋传播。不同年龄的鹅对衣原体的易感性不同，一般雏鹅较成年鹅易感。

临床症状

病鹅急性经过时，病情严重，全身震颤，步态不稳，食欲废绝，精神沉郁，生长停滞，腹泻，排浅绿色硫黄样水便。眼、鼻发炎，呼吸困难，流浆液性或脓性分泌物，并将周围的羽毛粘连凝结（图 3-64）。随着病程的发展，病鹅明显消瘦，肌肉萎缩，最后出现麻痹、惊厥死亡。

图 3-64　病鹅眼、鼻发炎，呼吸困难，流浆液性或脓性分泌物

病理变化

有眼病的病鹅，剖检时可见结膜炎、鼻炎、眶下窦炎，偶见全眼球炎、眼球萎缩。病鹅胸肌萎缩，体腔和气囊的浆膜有纤维素性化脓性炎症，表面覆盖有较厚的纤维蛋白性渗出物（图 3-65）。特别是纤维蛋白性心包炎最常见。气囊常增厚并有纤维蛋白渗出物。肝脏、脾

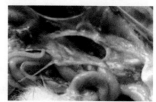

图 3-65　病鹅气囊炎，表面覆盖纤维蛋白性渗出物

脏肿大及肝包膜炎，偶见白色或黄色的小坏死灶。

病名	与鹅衣原体病的相似点	与鹅衣原体病的不同点
鹅沙门菌病	二者均表现精神不振，厌食，下痢，眼和鼻孔流出分泌物，以及步态不稳、动作不协调，气囊混浊，常附有纤维素，心包炎	鹅沙门菌病的病原是沙门菌，主要感染雏鹅；病鹅眼和鼻腔流出清水样分泌物，腹泻、肛门常被稀粪污染；初生幼雏的主要病变是卵黄吸收不良和脐炎，俗称"大肚脐"，卵黄黏稠，色深，肝脏轻度肿大；日龄稍大的雏鹅常见肝脏肿大，呈古铜色，表面有散在的灰白色坏死点；最特征的病变是盲肠肿胀，呈斑驳状，盲肠内有干酪样物质形成的栓子，肠道黏膜轻度出血，部分节段出现变性或坏死；少数病例腿部关节炎性肿胀
鹅巴氏杆菌病	二者均表现精神不振，鼻中流出分泌物，腹泻；肝脏肿大并有坏死灶	鹅巴氏杆菌病的病原是巴氏杆菌；有的病鹅突然死在产蛋窝内，有的晚间一切正常，吃得很饱，次日口鼻中流出白色黏液，并排出黄色、灰白色或浅绿色的稀粪，有时混有血丝或血块，味恶臭，发病1~3天死亡；剖检心外膜和心冠脂肪有出血点，肝脏肿大、表面有灰白色针尖大小的坏死点，十二指肠和大肠黏膜充血和出血最严重，并有卡他性炎症
鹅慢性呼吸道病	二者均表现鼻孔流出浆液性等分泌物，气囊增厚，鼻和眶下窦发炎	鹅慢性呼吸道病的病原是支原体；病鹅上呼吸道黏膜发炎而出现浆液性或黏液性或浆液－黏液性鼻液，严重时炎症分泌物堵塞鼻孔，呼吸困难，张口呼吸、喘气，有喘气声、气管啰音，气管和喉头有黏液状物
鹅大肠杆菌病	二者均表现精神沉郁，食欲废绝，腹泻；气囊增厚、心包炎	鹅大肠杆菌病的病原是大肠杆菌，各种年龄均可发病；败血型病例体温升高，粪便稀薄而恶臭，混有血丝、血块和气泡，肛周粘满粪便，表现为纤维素性心包炎、气囊炎、肝周炎
鹅禽流感	二者均表现精神不振，食欲废绝，腹泻，步态不稳；肝脏、脾脏肿大	鹅禽流感的病原是A型流感病毒；病鹅发病突然，体温升高，呼吸道症状明显，部分病鹅头颈部肿大，皮下水肿，眼睛潮红或出血，眼结膜有出血斑，眼睛四周羽毛粘着褐黑色分泌物，严重者失明；绝大多数病鹅有间歇性转圈运动、转圈后倒地并不断滚动等神经症状，有的病例头颈部不断做点头动作，有的病例出现歪头、勾头等症状；剖检可见组织器官充血、出血和水肿

1）加强饲养管理，搞好鹅舍环境的清洁卫生。

2）对病鹅及死鹅一定要严格处理，防止传播疾病。做好个人防护，防止人员感染。

3）发病鹅场加强防疫，淘汰病鹅，销毁被污染的饲料，鹅舍用5%漂白粉溶液或0.3%过氧乙酸或2%次氯酸钠或0.1%抗毒威等喷雾消毒。

4）清扫鹅舍时，应先喷洒部分消毒药液，以防尘土飞扬。对粪便、垫草、脱落的羽毛要堆积发酵，进行无害化处理。

5）引进种鹅时应加强检疫和隔离观察，以防病鹅入场。

治疗方法

病鹅群可饲喂抗生素（土霉素、四环素等）进行治疗。

（1）**四环素或土霉素** 按每千克饲料中均匀添加 0.2~0.4 克，连用 1~2 周，可减轻症状和消灭病鹅体内的衣原体。

（2）**氟苯尼考** 按每千克饲料中均匀添加 1 克，每天 1 次，连用 3~5 天；肌内注射，按每千克体重用 20~30 毫克，每天 1 次，连用 3~5 天。

（3）**卡那霉素可溶性粉** 每 50 克含 2 克（4%）。混饮按每升水 30~120 毫克，混料按每千克饲料用 60~250 毫克，连用 3~5 天，或按每千克体重 40 毫克；肌内注射按每千克体重 5~10 毫克。

（4）**庆大霉素可溶性粉** 100 克含 4 克。拌料按每千克饲料用 50~200 毫克；肌内注射按每千克体重用 3000~5000 国际单位（或 5~10 毫克），每天 2 次；饮水按每升水加入 2 万 ~4 万国际单位，连喂 3 天。

（5）**红霉素粉针剂** 每支 0.25 克、0.3 克。肌内注射，1 次量为每千克体重 5~20 毫克，每天 2 次；饮水，按每升水 50~200 毫克；拌料，按每千克饲料用 100~300 毫克。

二十、鹅念珠菌病

鹅念珠菌病又称鹅霉菌性口炎、鹅口疮、消化道真菌病，是由白色念珠菌感染所引起的一种霉菌性传染病。本病主要发生于鹅、鸭、鸽、火鸡等禽类，哺乳动物和人也会发生。

流行特点

本病主要通过消化道感染，也可通过蛋壳感染。不良的卫生条件和使机体抵抗力致弱的因素，均可诱发本病，或发生继发感染，过多地使用抗菌药物，易引起消化道正常菌群的紊乱，也是诱发本病的一个重要因素。雏鹅易感性高，发病率和死亡率均高于成年鹅。

雏鹅表现精神不佳，不愿活动，常聚集在一起，发育不良，被毛松乱；呼吸急促，频频伸颈张口，呈喘气状，时而发出"咕噜"声，叫声嘶哑，濒死时抽搐。

剖检可见病死鹅消瘦，口、咽、食道、鼻腔有分泌物；口、咽、食道黏膜增厚，有渗出物，形成白色或灰色伪膜或溃疡状斑并波及腺胃（图3-66、图3-67）；胸、腹气囊混浊，常有浅黄色粟粒状结节。

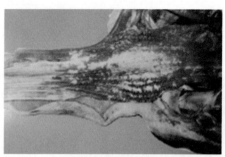 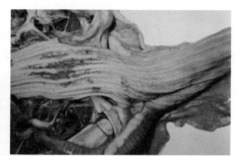

图3-66 病鹅食道黏膜表面有红褐色渗出物　　图3-67 病鹅食道黏膜表面溃疡，有褐色渗出物

病名	与鹅念珠菌病的相似点	与鹅念珠菌病的不同点
鹅葡萄球菌病	二者均表现精神委顿，羽毛松乱，食欲减退，嗉囊积食，下痢	鹅葡萄球菌病（葡萄球菌败血症、葡萄球菌关节炎）的病原是金黄色葡萄球菌；病鹅胸、翅、腿部皮下有出血斑点，足、翅关节发炎、肿胀，跛行；有的在胸部或龙骨上出现浆液性滑膜炎；有的腹部膨大，脐部发炎，有臭味，流出黄灰色液体
鹅曲霉菌病	二者均表现精神委顿，食欲减退或废绝，呼吸困难，伸颈张口呼吸，下痢	鹅曲霉菌病的病原是曲霉菌；病鹅呼吸时可听到"鼓鼓"沙哑的声音，但不咳嗽，鹅鼻、口腔内有黏液性分泌物，鼻孔阻塞，故常见"甩鼻"，肺、气囊中有一种针头大小乃至米粒大小的浅黄色或灰白色颗粒状结节；肺组织质地变硬，失去弹性，切面可见大小不等的黄白色病灶，气囊壁增厚、混浊，可见到成团的霉菌斑，坚韧而有弹性，不易压碎
鹅隐孢子虫病	二者均表现精神不振，闭目嗜睡，翅下垂，食欲减退，伸颈张口呼吸，呼吸困难，下痢	鹅隐孢子虫病的病原为隐孢子虫；剖检可见喉气管水肿，有较多泡沫性液体和干酪样物，肺腹侧严重充血、有灰白色硬斑，切面多渗出液；生前取呼吸道黏液用饱和白糖溶液将卵囊浮集、镜检可见包裹内含4个裸露的香蕉形子孢子和一个大残体

病名	与鹅念珠菌病的相似点	与鹅念珠菌病的不同点
鹅线虫病（气管比翼线虫）	二者均表现精神不振，食欲减退或废绝，伸颈张口呼吸，呼吸困难	鹅线虫病的病原为比翼线虫；病鹅口内充满泡沫状唾液，后期呼吸困难，窒息死亡；剖检口腔、喉头可见叉子形虫体

预防措施

1）注重环境管理，鹅舍要保持干燥、卫生，通风良好，防止潮湿。

2）加强饲料管理，减少应激影响和提高鹅体的抵抗力。

3）避免过多地使用抗菌药物，以免影响消化道正常细菌区系。

4）预防其他疾病的发生，避免产生继发感染。

治疗方法

一旦发病，病鹅应立即隔离、消毒。病鹅群治疗可选用制霉菌素，按每千克饲料均匀添加 50~100 毫克药饲喂，连用 1~3 周。此外，也可用万古霉素、两性霉素 B 等控制霉菌药物治疗本病。

第四章

鹅寄生虫病的鉴别诊断与防治

一、鹅蛔虫病

鹅蛔虫病是由于蛔虫寄生在肠道内引起的一种寄生虫病。虽然鹅发生蛔虫病较少，但根据国内的报道，确实说明鹅也可以感染蛔虫，但其感染率和感染强度不是很高。鹅与鸡混养的地方，感染率较高。本病主要表现为生长不良、贫血、消瘦等。

虫体及生活史　鹅的蛔虫病是由蛔虫所引起。蛔虫为浅黄色像豆芽样的线虫，雄虫长 26~70 毫米，雄虫长 65~110 毫米，虫卵为椭圆形（图 4-1）。蛔虫成虫主要寄生在小肠内。雌虫产的卵随粪便一起排到外界。刚排出的虫卵，因还未发育成熟，是没有感染力的。如果外界的湿度和温度适宜，虫卵就能继续发育，经 10~16 天后就变成感染期虫卵（卵内幼虫已形成一条盘曲的幼虫）。感染期幼虫在土壤中一般能生存 6 个月，鹅吃到这种感染期虫卵后就会发生感染。幼虫在腺胃内脱壳而出，到小肠内生长发育，约经 9 天后幼虫又钻进肠壁黏膜中进一步发育。此时，常引起肠

图 4-1　蛔虫

黏膜出血，到 17 天或 18 天时，幼虫重新回到肠腔发育成熟。幼虫的整个发育期需要 35~60 天，才能完全成熟，这时鹅粪中就有蛔虫卵排出。蛔虫卵对寒冷环境的抵抗力很强，而 50℃ 以上的高温、干燥和直射阳光，则易使虫卵死亡。蛔虫发育图及图解见图 4-2。

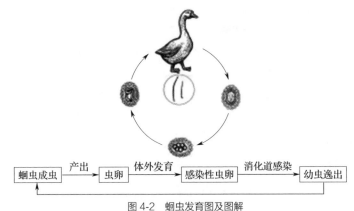

| 蛔虫成虫 | 产出 → | 虫卵 | 体外发育 → | 感染性虫卵 | 消化道感染 → | 幼虫逸出 |

图 4-2　蛔虫发育图及图解

临床症状

病鹅的症状与感染虫体的数量、本身营养状况有关。轻度感染或成年鹅感染后，一般症状不明显。雏鹅发生蛔虫病后，常生长不良，精神不佳，行动迟缓，羽毛松乱，贫血，食欲减退或异常，腹泻，逐渐消瘦。

病理变化

剖检可见病鹅小肠肠腔内有大量虫体，肠道黏膜水肿或出血（图 4-3），严重的病例肠管穿孔或破裂。

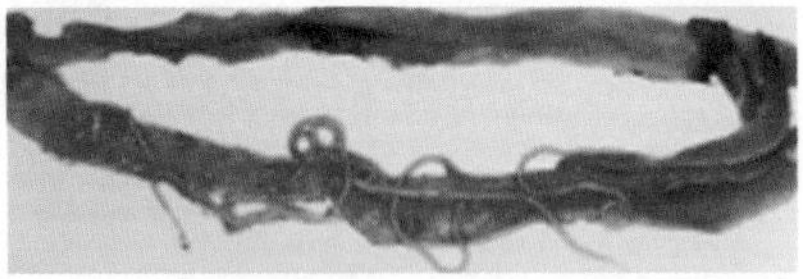

图 4-3　病鹅肠道中有大量蛔虫，肠黏膜出血

类症鉴别

病名	与鹅蛔虫病的相似点	与鹅蛔虫病的不同点
鹅绦虫病	二者均表现食欲减退，贫血，消瘦；并均有传染性	鹅绦虫病的病原为绦虫；有的病鹅拉稀，粪中含有孕节、卵袋、虫卵；剖检可在肠道（大部分在小肠）见到绦虫
鹅吸虫病	二者均表现食欲减退，贫血，消瘦；并均有传染性	鹅吸虫病的病原为吸虫，中间宿主多为水生螺；严重感染时下痢；剖检可在寄生部位（大部分在肠道）见到虫体
鹅疟原虫病	二者均表现食欲减退；并均有传染性	鹅疟原虫病的病原为鹅疟原虫，中间宿主为禽类，终末宿主为蚊；病鹅体温升高，呼吸困难；采血涂片、染色镜检，可见到进入红细胞的滋养体

预防措施

1）雏鹅和成年鹅分开饲养和放养。

2）定期检查粪便，发现感染蛔虫的鹅群应进行有计划的驱虫，以防止散播病原。

3）搞好鹅舍清洁卫生，特别是垫草和地面的卫生。保持运动场地的干燥，及时清除鹅粪并进行发酵处理。

治疗方法

（1）**哌嗪（驱蛔灵）** 按每千克体重 0.25 克，1 次喂服，或在饮水或饲料中添加 0.025% 哌嗪，但加药的饲料和饮水，必须在 8~12 小时内服完。

（2）**甲苯咪唑** 按每千克体重 30 毫克，1 次喂服。

（3）**左旋咪唑** 按每千克体重 25~30 毫克，溶于饮水中混饮，在 12 小时内饮完。

二、鹅裂口线虫病

鹅裂口线虫病是由寄生在鹅肌胃的鹅裂口线虫引起的一种寄生虫病。本病在各地流行较广，有的感染率可达 90% 以上。主要危害雏鹅，常造成大批死亡。

虫体及生活史

鹅裂口线虫是一种小型线虫，虫体纤细，呈红色。表皮有横纹，头端口囊较发达，呈杯状，囊底有 3 个齿。雄虫末端有交合伞、交合刺等；雌虫尾部呈刀状，阴门呈横裂，位于虫体的偏后部。虫卵呈长卵圆形。成虫寄生在鹅的肌胃或肌胃角质层下面，线虫发育不需要中间宿主（图 4-4）。成虫产出的虫卵随粪便排出体外，在外界适宜的条件下，经一昼夜发育成感染性幼虫并离开卵壳，鹅吃了带有感染性幼虫的牧草或水

1—桑葚期虫卵　2—含有幼虫的虫卵　3—第一期幼虫（3a 为头部）
4—第二期幼虫　5—第三期幼虫

图 4-4　鹅裂口线虫

而感染。幼虫侵入肌胃或钻入肌胃角质层下，经过 17~22 天发育为成虫。

本病常发生在夏、秋季节，主要发生于 2 月龄左右的鹅，感染后发病较为严重，常因衰弱而死亡。成年鹅感染多为慢性，一般不引起死亡，成为带虫者。鹅群感染率高达 95% 以上，常呈地方性流行。

临床症状

病雏表现精神萎靡，食欲减退或废绝，生长发育受阻，体弱，贫血，消化障碍，有时腹泻。若虫体多、饲养管理不当，可造成大批死亡。虫体少或鹅的日龄较大，则症状不明显，而成为带虫者和传播者。

病理变化

剖检可见肌胃发生严重的溃疡、坏死、变色（呈棕黑色），有大量红色细小的虫体寄生在肌胃角质层较薄部位，部分虫体埋在角质层内（图 4-5）。在腺胃和食道有时也可以找到虫体。

图 4-5　病鹅肌胃中的裂口线虫，角质膜糜烂

类症鉴别

病名	与鹅裂口线虫病的相似点	与鹅裂口线虫病的不同点
鹅绦虫病	二者均表现食欲减退，贫血，消瘦；并均有传染性	鹅绦虫病的病原为绦虫；有的病鹅拉稀，粪中含有孕节、卵袋、虫卵；剖检可在肠道（大部分在小肠）见到绦虫
鹅吸虫病	二者均表现食欲减退，贫血，消瘦；并均有传染性	鹅吸虫病的病原为吸虫，中间宿主多为水生螺；严重感染时下痢；剖检可在寄生部位（大部分在肠道）见到虫体
鹅疟原虫病	二者均表现食欲减退；并均有传染性	鹅疟原虫病的病原为鹅疟原虫，中间宿主为禽类，终末宿主为蚊；病鹅体温升高，呼吸困难；采血涂片、染色镜检，可见到进入红细胞的滋养体

预防措施

要把成年鹅、雏鹅分开饲养，避免使用同一场地，这样就能让雏鹅摆脱裂口线虫侵袭。对于放牧场所要空闲 1~1.5 个月，在空闲期间，搞好鹅舍卫生，彻底消毒，可清除病原。雏鹅从放牧开始，经 17~22 天，进行第 1 次预防性驱虫，以后依据具体情况进行第 2 次驱虫。驱虫应在隔离鹅舍内进行，投药后 2 天内彻底清除粪便，并进行生物发酵处理。

治疗方法

（1）**盐酸左旋咪唑**　按每千克体重 25 毫克，口服，间隔 3~7 天再驱虫 1 次。
（2）**阿苯达唑**　按每千克体重 10~30 毫克，均匀拌料饲喂。

（3）甲苯咪唑　按每千克体重 30~50 毫克，或用 0.0125% 混饲，每天 1 次，连用 2 天。

三、鹅异刺线虫病

鹅异刺线虫病又称鹅盲肠虫病，是由异刺科异刺属的异刺线虫寄生于鹅的盲肠内引起的一种线虫病。

虫体及生活史

异刺线虫虫体小、呈白色，体表有横纹（图 4-6）。雄虫长 7~13 毫米，雌虫长 10~15 毫米。虫卵呈椭圆形、浅灰色，卵壳厚，成熟的卵具有褐色颗粒，大小为（63~75）微米 ×（36~50）微米。它的虫卵还能携带组织滴虫，该虫的发育不需要中间宿主。成虫寄生在鹅盲肠内。虫卵随粪便排出体外，在环境条件适宜时，经过 7~10 天即变成感染性卵。此时被鹅吞食后，幼虫在肠管内破壳而出，进入盲肠并钻进黏膜中，2~5 天后重新回到盲肠腔内继续发育，20~25 天变成成虫（图 4-7）。

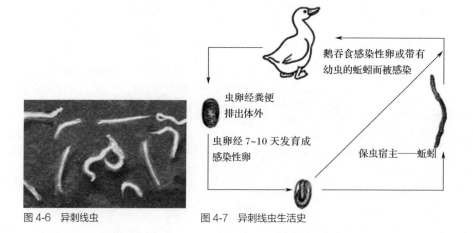

图 4-6　异刺线虫　　　　图 4-7　异刺线虫生活史

临床症状

病鹅表现精神沉郁，行走迟缓，食欲减退或废绝，脚软伏地，羽毛松乱，排黄色稀便，贫血，雏鹅发育停滞，消瘦甚至死亡，成年鹅产蛋率下降或停止产蛋。

病理变化

剖检可见尸体消瘦，盲肠肿大数倍，盲肠壁散布有大量 2~3 毫米的圆形溃疡病灶，并出血，许多溃疡灶相互连结形成大的溃疡斑，溃疡面附有较厚的黄白色坏死物，肠管内充满稀薄粪便，但在盲肠末端充有干燥、棕红色内容物。盲肠内可见到虫体，尤以盲肠尖部虫体最多。

病名	与鹅异刺线虫病的相似点	与鹅异刺线虫病的不同点
鹅绦虫病	二者均表现食欲减退，贫血，消瘦；并均有传染性	鹅绦虫病的病原为绦虫；有的病鹅拉稀，粪中含有孕节、卵袋、虫卵；剖检可在肠道（大部分在小肠）见到绦虫
鹅吸虫病	二者均表现食欲减退，贫血，消瘦；并均有传染性	鹅吸虫病的病原为吸虫，中间宿主多为水生螺；严重感染时下痢；剖检可在寄生部位（大部分在肠道）见到虫体
鹅疟原虫病	二者均表现食欲减退；并均有传染性	鹅疟原虫病的病原为鹅疟原虫，中间宿主为禽类，终末宿主为蚊；病鹅体温高，呼吸困难；采血涂片、染色镜检，可见到进入红细胞的滋养体

1）加强环境卫生管理，保持鹅舍清洁卫生，及时清除粪便，尤其在驱虫后，要将粪便堆积发酵，以消灭虫卵。

2）成年鹅、雏鹅应分开饲养，防止交叉感染。同时定期进行预防性驱虫。

（1）**噻苯达唑**　用量为每千克体重 0.5 克，均匀拌料 1 次喂服。

（2）**氟苯达唑**　按每千克体重用 50 毫克，均匀拌料 1 次喂服。

（3）**阿苯达唑**　按每千克体重用 25 毫克，均匀拌料 1 次喂服。

（4）**左旋咪唑**　按每千克体重用 35 毫克，均匀拌料 1 次喂服。

四、鹅比翼线虫病

鹅比翼线虫病是由斯氏比翼线虫寄生于鹅的气管和肺所引起的一种寄生虫病，因病鹅张口呼吸，又名开口虫病。因其寄生状态总是雌雄虫交合在一起，故名比翼线虫病。

斯氏比翼线虫虫体呈鲜红色，雌、雄虫一生成双配对。雄虫长 3~5 毫米，雌虫长 12~22 毫米。雄虫经过 1 次交配后就永远固着于雌虫阴门处，两者交合在一起形成"Y"形（图4-8）。虫卵呈椭圆形，大小为 0.078~0.087 毫米，两端均具有卵盖。虫卵随痰液或粪便排出体外。遇到适宜的温、湿度时，经 8~14 天发育成感染性虫卵，部分孵出幼虫进入土壤中，鹅吃了感染性虫卵或幼虫而感染；另一方式是蚯蚓吞食了感染性虫卵或幼虫后，在蚯蚓体内长期保存其活力，可达 3 年之久，鹅吃到这种体内含有幼虫的蚯蚓发生感染，此外，蜗牛和蜻蜓也能像蚯蚓一样传代交合线虫，从而感染鹅体。幼虫进入肠道后，钻入肠壁血管，随着血液循环钻进肺而到达气管和支气管中，并吸食血液，继续生长，经过 7~10 天后变成成虫。

图 4-8 斯氏比翼线虫

临床症状　病鹅食欲减退，生长不良，消瘦，严重者食欲废绝、腹泻，粪便呈红色带黏液。特征性症状是呼吸困难，常伸颈张口呼吸，并常伴发咳嗽和打喷嚏，时常摇头，欲排出气管内黏液和虫体，最后因窒息、衰竭而死。

病理变化　病变可见肺瘀血、水肿和大叶性肺炎，气管有卡他性、黏液性炎症，有被带血黏液所包围的虫体（图 4-9）。

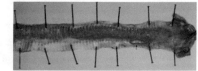

图 4-9 病鹅气管中的比翼线虫

类症鉴别

病名	与鹅比翼线虫病的相似点	与鹅比翼线虫病的不同点
鹅传染性支气管炎	二者均表现伸颈张口呼吸，甩头；并均有传染性	鹅传染性支气管炎的病原为鹅传染性支气管炎病毒；病鹅咳嗽，打喷嚏，鼻窦肿胀，流鼻液，眼泪多，翅下垂，常挤在一起；剖检可见气管、肺有肺炎症状和水肿，有点状或条状干酪样物附着，肝脏稍肿大、呈土黄色，肾脏肿大、苍白；用间接血凝试验即可判定
鹅曲霉菌病	二者均表现头颈伸直，张口呼吸，摇头甩鼻；并均有传染性	鹅曲霉菌病的病原为曲霉菌；倾听病鹅呼吸有"沙沙"的水泡音，后期下痢；剖检可见肺有典型的霉菌结节（粟粒大、米粒大、绿豆大且呈黄白色），周围有红色浸润，切开有干酪样物，似有层状结构；挑出内容物加生理盐水镜检可见曲霉菌的菌丝
鹅隐孢子虫病	二者均表现伸颈张口呼吸，喉气管内有较多的泡沫状渗出物；并均有传染性	鹅隐孢子虫病的病原为隐孢子虫；病鹅咳嗽，打喷嚏，气管有时可见干酪样物，肺腹侧严重充血，表面湿润，常有灰白色硬斑；生前收集气管黏液用饱和白糖溶液浮集卵囊，在 1000 倍显微镜下镜检，可见卵囊内含 4 个香蕉状的子孢子

		（续）
病名	与鹅比翼线虫病的相似点	与鹅比翼线虫病的不同点
鹅舟形嗜气管吸虫病	二者均表现伸颈张口呼吸，可因窒息死亡；并均有传染性	鹅舟形嗜气管吸虫病的病原为舟形嗜气管吸虫，病鹅吞食有包囊的中间宿主螺而发病；在支气管大量寄生时咳嗽、气喘；剖检时气管可见到卵圆形的吸虫

预防措施

　　加强环境卫生管理，保持鹅舍的清洁卫生，及时清除粪便，尤其在驱虫后，要将粪便进行生物发酵处理，消灭蚯蚓等贮藏宿主。

　　成年鹅、雏鹅应分开饲养，防止交叉感染，同时定期进行预防性驱虫。在常发鹅场及地区，应用药物预防。

治疗方法

　　（1）甲苯咪唑　按 0.01125% 均匀拌料饲喂，连用 3 天。

　　（2）5% 水杨酸钠　雏鹅每只 0.5~3 毫升，气管注射。

　　（3）噻苯达唑　按 0.1% 均匀拌料饲喂，连用 1 周。

　　（4）阿苯达唑　按每千克体重 50~100 毫克内服。

五、鹅华首线虫病

　　鹅华首线虫病是由华首线虫寄生于鹅的腺胃和肌胃内所引起的寄生虫病，对鹅危害大。

虫体及生活史

　　华首线虫虫体的前部有 4 条饰带，每条饰带的后端互相连接。雄虫长 8~10 毫米，雌虫长 12~18.5 毫米（图 4-10）。中间宿主为水蚤。华首线虫虫卵通过宿主的粪便排出体外，孵化后被中间宿主吞食，在其体内发育为感染性幼虫，鹅吞食含感染性幼虫的中间宿主而感染华首线虫。

图 4-10　华首线虫

本病轻度感染一般不引起明显的症状。严重感染时，病鹅的前胃有溃疡，胃黏膜被破坏，影响腺胃和肌胃的功能，消化机能降低，引起病鹅生长发育不良，精神沉郁，食欲减退或废绝，缩头垂翅，下痢，甚至造成死亡。

剖检病鹅肌胃角质层下面有出血性炎症，并形成干酪性或脓性结节。腺胃黏膜发炎、肥厚，出现溃疡和瘤状物，胃黏膜下层有数量不等的鲜红色或暗红色的圆形或椭圆形病灶，可以发现细线状虫体。

病名	与鹅华首线虫病的相似点	与鹅华首线虫病的不同点
鹅链球菌病	二者均表现精神委顿，食欲减退，冠苍白，下痢；并均有传染性	鹅链球菌病的病原为链球菌；病鹅嗜睡，冠有时呈紫色，髯水肿，腹泻、粪呈灰黄色或灰绿色，部分亚急性病例轻瘫跛行、脚底组织坏死；剖检可见皮下浆膜水肿，心包、腹腔有出血性浆液性纤维素性渗出物，心冠状沟、心外膜有出血点，肝脏、脾脏有出血坏死点，肺瘀血或水肿，慢性有关节炎、腱鞘炎；将肝脏、脾脏、血液、皮下渗出液涂片，用亚甲蓝、瑞氏或革兰染色镜检，可见蓝色、紫色或革兰阳性的单个或短链排列的球菌
鹅大肠杆菌病（败血型）	二者均表现精神不振，食欲减退、畏寒，羽毛松乱，腹泻；并均有传染性	鹅大肠杆菌病的病原为大肠杆菌；病鹅腹泻剧烈，口渴；剖检可见心包、肝脏表面、腹腔流满纤维素性渗出物；分离病原接种于伊红亚甲蓝培养基上，大多数菌落呈特征性黑色
鹅球虫病	二者均表现精神委顿，食欲减退，翅下垂，羽毛松乱，下痢，消瘦；并均有传染性	鹅球虫病的病原为球虫；病鹅冠、髯苍白；剖检可见盲肠内容物主要是凝血块、血液，小肠壁发炎、增厚，浆膜可见白色小斑点，黏膜发炎、肿胀，覆盖一层黏液分泌物且混有小血块；刮取黏膜镜检可观察到卵囊和大配子

1）防止鹅吞食各种类型的中间宿主，消灭中间宿主。到安全水域放牧。

2）对成年鹅每年进行 2 次预防性驱虫，第 1 次在春季放牧前，第 2 次在秋季放牧后。在驱虫后 24 小时加强粪便管理，及时清扫粪便，以避免病原体散播。对雏鹅驱虫应在放牧 18 天后进行，以避免感染性幼虫成熟后排卵污染水源。

（1）**阿苯达唑**　按每千克体重 10~25 毫克，均匀拌料 1 次喂服。

（2）**左旋咪唑**　按每千克体重 10 毫克，均匀拌料 1 次喂服。

（3）**二甲氧苄啶**　按每千克体重 0.2 克，均匀拌料 1 次喂服。

六、鹅四棱线虫病

鹅四棱线虫病是由四棱科四棱线虫寄生于鹅的腺胃内所引起的寄生虫病，对鹅危害大。

四棱线虫雄虫纤细，长 3~4 毫米，体透明呈细线状；雌虫长 2.5~4 毫米，呈暗红色，呈卵圆形或球形，体内几乎挤满了子宫环，内含大量的虫卵，卵的两端有小的"塞"（图 4-11）。从粪便中排出的虫卵被中间宿主炸蜢和蟑螂吞食后，经 42 天后发育为感染性幼虫，鹅吞食了含感染性幼虫的中间宿主而感染。幼虫逸出在腺胃内发育，约经 35 天后发育为成虫（图 4-12）。

带虫鹅
（终末宿主）

感染性幼虫

成熟虫鹅

吃入虫卵的
炸蜢和蟑螂
（中间宿主）

图 4-11　鹅四棱线虫　　　　图 4-12　鹅四棱线虫发育图及图解

四棱线虫幼虫移行到腺胃时，造成明显刺激和炎症。病鹅表现精神委顿，消化机能障碍，食欲减退，生长发育停滞，消瘦，虚弱，严重时可引起死亡。

病鹅肌胃角质层下面有出血性炎症，并构成干酪性或脓性结节。腺胃黏膜发炎、肥厚，呈现溃疡和瘤状物，胃黏膜底层有数量不等的鲜红色或暗红色的圆形或椭圆形病灶，能够发现细线状虫体，在腺胃深处可看到暗红色的成熟雌虫（图 4-13、图 4-14）。

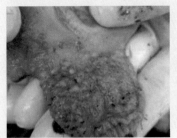 

图 4-13　病鹅腺胃黏膜发炎、肥厚，呈现溃疡和瘤状物　　图 4-14　四棱线虫寄生于腺胃壁，黏膜颜色不均

病名	与鹅四棱线虫病的相似点	与鹅四棱线虫病的不同点
鹅链球菌病	二者均表现精神委顿，食欲减退，冠苍白，下痢；并均有传染性	鹅链球菌病的病原为链球菌；病鹅嗜睡，冠有时呈紫色，髯水肿，腹泻，粪呈灰黄色或灰绿色，部分亚急性病例轻瘫跛行、脚底组织坏死；剖检可见皮下浆膜水肿，心包、腹腔有出血性浆液性纤维素性渗出物，心冠状沟、心外膜有出血点，肝脏、脾脏有出血坏死点，肺瘀血或水肿，慢性有关节炎、腱鞘炎；将肝脏、脾脏、血液、皮下渗出液涂片，用亚甲蓝、瑞氏或革兰染色镜检，可见蓝色、紫色或革兰阳性的单个或短链排列的球菌
鹅大肠杆菌病（败血型）	二者均表现精神不振，食欲减退、畏寒，羽毛松乱，腹泻；并均有传染性	鹅大肠杆菌病的病原为大肠杆菌；病鹅腹泻剧烈，口渴；剖检可见心包、肝脏表面、腹腔流满纤维素性渗出物；分离病原接种于伊红亚甲蓝培养基上，大多数菌落呈特征性黑色
鹅球虫病	二者均表现精神委顿，食欲减退，翅下垂，羽毛松乱，下痢，消瘦；并均有传染性	鹅球虫病的病原为球虫；病鹅冠、髯苍白；剖检可见盲肠内容物主要是凝血块、血液，小肠壁发炎、增厚，浆膜可见白色小斑点，黏膜发炎、肿胀，覆盖一层黏液分泌物且混有小血块；刮取黏膜镜检可观察到卵囊和大配子

类症鉴别

预防措施

1）防止鹅吞食各种类型的中间宿主，消灭中间宿主。到安全水域放牧。

2）注意鹅舍清洁卫生，定期对鹅舍和饲养用具进行消毒。

3）及时清除粪便，并进行生物发酵处理。

4）成年鹅、雏鹅应分开饲养，防止交叉感染。同时定期进行预防性驱虫。

（1）**阿苯达唑**　按每千克体重 10~25 毫克，均匀拌料 1 次喂服。

（2）**左旋咪唑**　按每千克体重 10 毫克，均匀拌料 1 次喂服，

七、鹅绦虫病

鹅绦虫病是鹅的一种严重的寄生虫病。引起鹅绦虫病的绦虫有多种，但以矛形剑带绦虫和膜壳绦虫为主。以腹泻为主要症状。

本病夏、秋季节多发，呈地方性流行，对雏鹅危害严重。

（1）**矛形剑带绦虫**　寄生于鹅、鸭的小肠。属大型绦虫，虫体长 3~13 厘米，虫体扁平带状呈矛形，为乳白色（图 4-15）。头节小，上有 4 个吸盘。头节顶突上有 8 个小钩，颈短，虫体由 20~40 个节片组成。有 3 个睾丸，呈直线排列，位于卵巢生殖孔一侧。卵巢瓣状分枝似 2 朵菊花。虫卵呈椭圆形、灰白色。其中间宿主为剑水蚤。

（2）**膜壳绦虫**　寄生于鹅、鸭的肠道中。属大型绦虫，虫体长 20~30 厘米、宽 2~3 毫米，头节上有 10 个顶突钩。有 3 个睾丸，呈直线排列。卵巢明显分叶，生殖孔在节片一侧的前角处开口，虫卵无卵囊包围。其中间宿主为普通水蚤和一些剑水蚤。

绦虫的成虫寄生在鹅、鸭的小肠内，孕节或虫卵随粪便排出体外。孕卵节片崩解后，虫卵散出，如落入水中，被中间宿主剑水蚤吞食，在其体内经 6 周发育为成熟的似囊尾蚴，鹅、鸭采食了含有似囊尾蚴的中间宿主剑水蚤而被感染，在消化道中，似囊尾蚴逸出，头节外翻，用吸盘固着在小肠黏膜上，经 19 天发育为成虫（图 4-16）。

图 4-15　矛形剑带绦虫

图 4-16　鹅绦虫生活史

轻度感染一般不呈现临床症状。严重感染时，病雏鹅表现精神沉郁，食欲减退，口渴，消化机能障碍。粪便稀薄，先呈浅绿色，后变灰白色，有恶臭，并混有黏膜和长短不一的虫体孕卵节片。随着病情的发展，病鹅表现生长发育缓慢，贫血，消瘦，羽毛蓬乱，离群呆立，常出现神经症状，运动失调，行走摇晃，有时倒地挣扎而死。成年鹅虽也会感染，但一般症状较轻而成为带虫者。

剖检可见小肠黏膜发炎、充血、出血，肠腔内有虫体（图4-17），数量多时造成肠道阻塞、肠扭转、肠破裂等。头节固着的黏膜有卡他性炎症、出血。其他浆膜和黏膜上常有大小不一的出血点，心外膜上更明显。

图4-17 病鹅肠道中的绦虫

病名	与鹅绦虫病的相似点	与鹅绦虫病的不同点
鹅吸虫病	二者均表现贫血，消瘦，下痢，有出血性肠炎；并均有传染性	鹅吸虫病的病原为吸虫（柳叶状、球形等），中间宿主为淡水螺；粪检可见虫卵，虫体有吸盘，无头节、节片
鹅坏死性肠炎	二者均表现精神沉郁，食欲减退或废绝，粪中有血；并均有传染性	鹅坏死性肠炎的病原为魏氏梭菌；排黑色粪便或带血；剖检时有尸腐臭味，小肠扩张充气，肠呈污黑绿色，肠内容物混血、呈黑绿色，黏膜有坏死灶、有伪膜；肠黏膜取物镜检可见革兰阳性、粗短、两端钝圆的大杆菌
鹅线虫病	二者均表现食欲减退，贫血，消瘦；并均有传染性	鹅线虫病的病原为线虫；粪检可见虫卵，除环膨尾线虫严重感染时有肠炎外，其他不表现肠炎，仅在剖检时可见嗉囊、食道、肌胃受到损伤并发现虫体

1）防止鹅吞食各种类型的中间宿主，消灭中间宿主。

2）将成年鹅与雏鹅分群饲养，推广雏鹅舍饲。

3）保证水源不被污染或者远离饲养处。

4）利用河流、池塘等安全水域放牧。对污染水池应停止放牧 1 年以上。

5）经常清除和处理粪便，粪便堆积发酵，防止中间宿主吃到绦虫卵或节片。

6）对成年鹅每年进行 2 次预防性驱虫，第 1 次在春季放牧前，第 2 次在秋季放牧后。在驱虫后 24 小时加强粪便管理，及时清扫粪便，以避免病原散布。对雏鹅驱虫应在放牧 18 天前进行，以避免感染性幼虫成熟后排卵污染水源。

治疗方法

（1）**吡喹酮** 按每千克体重 5~10 毫克，均匀拌料 1 次喂服。

（2）**槟榔煎剂** 用槟榔粉 50 克，加水 1000 毫升，煎半小时后约剩 750 毫升药液，再用纱布滤去药渣，所剩药液按每千克体重 7.5~11 毫升，空腹灌服。

（3）**生南瓜子粉** 每只鹅用 20~50 克均匀拌料，使其自由采食。

（4）**氯硝柳胺** 按每千克体重 60~150 毫克，均匀拌料 1 次喂服。

八、鹅前殖吸虫病

鹅前殖吸虫病是由前殖吸虫寄生于鹅的输卵管、法氏囊、泄殖腔及盲肠等引起的寄生虫病。

虫体及生活史

前殖吸虫有几种，常见的有透明前殖吸虫、卵圆前殖吸虫和楔形前殖吸虫。虫体扁平、呈红色，外形似梨。体表有小刺，体长 3~9 毫米、宽 1~5 毫米（图 4-18）。口吸盘似圆形，腹吸盘呈圆形。虫卵呈椭圆形、棕褐色，一端

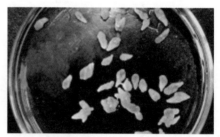

图 4-18　鹅前殖吸虫

有卵盖，另一端有小刺，大小为（0.026~0.32）毫米 ×（0.001~0.05）毫米。

前殖吸虫的发育需要两个中间宿主：第一中间宿主为淡水螺类，第二中间宿主为蜻蜓的幼虫或稚虫。虫体寄生在鹅的直肠、输卵管、法氏囊和泄殖腔内，所产虫卵随粪便排入水中，被第一中间宿主淡水螺吞食，在螺体内发育至尾蚴，成熟尾蚴逸出后，遇到第二中间宿主蜻蜓的幼虫或稚虫，被其吸入肛门孔中。这时尾蚴失去尾巴，在其体内发育为囊蚴，当鹅吞食含囊蚴的蜻蜓幼虫或稚虫而感染（图 4-19）。

本病多发生于夏季，呈地方性流行。

带虫鹅
（终末宿主）

成熟虫卵

蜻蜓
（第二中间宿主）

吃入虫卵
的淡水螺
（第一中间宿主）

图 4-19　鹅前殖吸虫生活史

临床症状

患病初期症状不明显，但母鹅开始产薄壳蛋、易破蛋、软壳蛋或畸形蛋，有时从泄殖腔直接排出卵黄或少量蛋白，或恋巢做抱窝状。继而精神沉郁，食欲减退，消瘦，羽毛蓬乱、脱落。腹部膨大，下垂，步态蹒跚，两脚叉开，泄殖腔有卵壳碎片或流出石灰样的液体。最后体温升高，渴欲增加，腹泻，腹压痛，泄殖腔脱出，周围粘满污物。若继发腹膜炎时，则做企鹅步行姿态，并多于 2~7 天后死亡。

病理变化

剖检病鹅，其主要病变是输卵管发炎，输卵管黏膜极度充血、增厚，在黏膜上可找到虫体。有时输卵管破裂，引起卵黄性腹膜炎，腹腔中可看到外形皱缩、大小不一、内容物变质的卵，并有大量黄色混浊的渗出物。此外，法氏囊、泄殖腔也见有炎症变化。

类症鉴别

病名	与鹅前殖吸虫病的相似点	与鹅前殖吸虫病的不同点
鹅钙、磷缺乏症	二者均表现产蛋率下降，产薄壳蛋、软壳蛋	鹅钙、磷缺乏症出现肋骨、胸骨变形，关节肿大，跛行；剖检可见骨质变薄而易折断

预防措施

1）注意保持鹅舍、运动场的清洁卫生，及时清扫粪便并做堆积发酵处理，以避免病原散播。

2）定期做鹅便检查，预防性驱虫可用阿苯达唑，按每千克体重 10 毫克，每半月进行 1 次。

3）在疫病流行区，根据病的季节动态，有计划地消灭中间宿主——水生螺；在蜻蜓出现季节，不在早晨、傍晚和雨后到池塘岸边或水田内放牧，以免被感染。

对本病要早发现、早治疗。因为前殖吸虫早期寄生在肠腔，这时治疗效果好；如虫体转入输卵管寄生，则疗效不明显。重症者治愈难；轻症者可选用下列药物治疗。

（1）**吡喹酮** 按每千克体重 60 毫克，均匀拌料 1 次喂服，连用 2 天。

（2）**阿苯达唑** 按每千克体重 120 毫克，均匀拌料 1 次喂服。

九、鹅嗜眼吸虫病

鹅嗜眼吸虫病是由嗜眼吸虫寄生在鹅的眼结膜和瞬膜上所引起的一种寄生虫病。

本病引起结膜、角膜水肿、发炎、失明，病鹅不能觅食，消瘦，影响生长发育和产蛋量。鸡、鸭也能感染。临床上常见于成年鹅，主要特征为眼角膜、瞬膜水肿、发炎、流泪，严重者可引起失明而导致采食困难，逐渐消瘦死亡。

鹅嗜眼吸虫（又称涉禽嗜眼吸虫）虫体外形似矛头状，新鲜虫体呈浅黄色，前端较狭窄、呈棒槌形，体表仅见粗糙不平，未见小刺（图 4-20）。腹吸盘大于口吸盘，生殖孔开口于腹吸盘和口吸盘之间。虫卵呈椭圆形，内含有毛蚴，无卵盖。

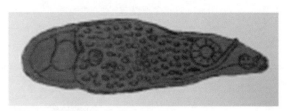

图 4-20　嗜眼吸虫

虫卵随眼分泌物排出，遇水立即孵出毛蚴。毛蚴接触到中间宿主螺蛳时，钻入其中的组织，经过母雷蚴，二代雷蚴，最后产生尾蚴。尾蚴主动地从螺蛳体内逸出，可在螺蛳壳、喇咕的体表或任何一种固体物的表面形成囊蚴。当含有囊蚴的螺蛳、喇咕等被鹅吞食后即被感染。囊蚴在口腔和嗉囊内脱囊逸出，经鼻泪管移行到眼的结膜囊内，1 个月后发育为成虫（图 4-21）。

宿主吞食含有囊蚴的螺蛳而被感染

尾蚴发育为囊蚴

毛蚴进入螺蛳体
内发育为尾蚴
（中间宿主）

虫卵随分
泌物排出

虫卵落水
发育为毛蚴

图 4-21　鹅嗜眼吸虫生活史

临床症状

病鹅初期怕光流泪，食欲减退，有时摇头，弯颈，用爪搔眼等；眼结膜充血，有小点出血及糜烂；眼睑水肿，紧闭；眼部有黄豆大的泡状隆起，有时流出带有血液的眼泪，重症病鹅角膜混浊、溃疡和黄色块状坏死物凸出于眼睑之外，甚至形成脓性溃疡。大多数病鹅为单侧性眼发病，只有少数为双侧性。严重者引起双目失明，难以进食。病鹅普遍消瘦，流行严重时引起雏鹅大批因眼疾难以进食，很快消瘦，最后导致死亡。成年鹅感染后症状较轻，主要呈现结膜-角膜炎，消瘦，产蛋率下降等。

病理变化

剖检可见眼内瞬膜处有虫体附着。

类症鉴别

病名	与鹅嗜眼吸虫病的相似点	与鹅嗜眼吸虫病的不同点
鹅衣原体病	二者均表现有精神沉郁、食欲减退等临床症状和眼部病变；并均有传染性	鹅衣原体病的病原是衣原体；病鹅排绿色水样稀粪，眼和鼻子中流出浆液性或脓性分泌物，眼睛周围羽毛上有分泌物干燥凝结成的痂块；剖检可见肝脏和脾脏有灰色或黄色的小坏死灶
鹅维生素 A 缺乏症	二者均表现眼流泪	维生素 A 缺乏症的病因是维生素 A 的缺乏；病鹅生长发育停滞，消瘦，羽毛松乱，无光泽，运动无力，两脚瘫痪，眼流泪，上下眼睑粘连，眼发干，形成一干眼圈，角膜混浊不清，眼球凹陷，双目失明；眼结膜囊内有大量干酪样渗出物，口腔和食道黏膜发炎，有散在的白色坏死灶，肾小管内蓄积大量尿酸盐；此外，在心脏、心包、肝脏和脾脏表面也可见尿酸盐的沉积

病名	与鹅嗜眼吸虫病的相似点	与鹅嗜眼吸虫病的不同点
禽霍乱	二者均表现食欲减退，眼结膜充血；并均有传染性	禽霍乱病原是多杀性巴氏杆菌；发病后全身症状表现明显，如精神委顿，呼吸困难，排出腥臭的白色或铜绿色稀粪（有的粪便混有血液），喉头有黏稠的分泌物，喙和蹼发紫等
鹅眼线虫病	二者均有眼部病变；并均有传染性	鹅眼线虫病的病原为孟氏尖旋腺虫，寄生于鹅的瞬膜下，或见于鼻窦；随着虫体寄生数量的多少症状可表现为结膜炎或严重的眼炎，也可能因继发微生物感染造成失明和眼球的完全破坏

预防措施

1）不要到易感染疫病的水域牧鹅。

2）大力杀灭螺蛳，消灭传播媒介。

3）在疫病流行区，用作鹅饲料的浮萍、河蚬等，应用开水浸泡，杀灭其中的囊蚴后再供鹅食用。

治疗方法

可用75%酒精滴眼驱虫。具体方法是：由助手将鹅体固定，另一助手固定鹅头，右手用钝头金属细棒或眼科玻璃棒，从内眼角扒开瞬膜，用药棉吸干泪液后，立即滴入75%酒精4~6滴。用此法滴眼驱虫操作简便，可使病鹅症状很快消失。驱虫率可达100%。也可以采取人工翻眼除虫，需要3人，其中助手2人，按上述方法用钝头细棒拨开瞬膜，第3人用眼镊子从结膜囊内摘除虫体，然后用一定浓度的硼酸水冲洗眼睛。

十、鹅棘口吸虫病

鹅棘口吸虫病是由棘口吸虫科各种吸虫寄生在鹅的小肠、盲肠和直肠中所引起的一种寄生虫病，对雏鹅危害最大。

虫体及生活史

寄生于家禽的棘口吸虫有30多种，我国家禽的棘口吸虫主要有棘口属的卷棘口吸虫（图4-22）、宫川米次棘口吸虫（图4-23），以卷棘口吸虫多见。

图 4-22　卷棘口吸虫的虫体形态　　　图 4-23　宫川米次棘口吸虫的虫体形态

卷棘口吸虫呈细长叶形、红色，体表有小刺，虫体大小为（7.6~12.6）毫米 ×（1.26~1.60）毫米。其特点是虫体前端有 35~37 个头棘，在口棘两侧各具有 5 枚角刺。口吸盘小于腹吸盘。虫卵呈浅黄色、椭圆形，卵前端有卵盖。

成虫寄生在鸡、鸭、鹅等家禽肠管内，虫卵随禽粪排于水中，在适宜环境条件下经 10~20 天孵化成毛蚴。毛蚴钻入某些淡水螺（第一中间宿主）体内进行无性繁殖，先后发育为胞蚴、雷蚴和尾蚴。尾蚴成熟后离开螺体，在水中游动，又钻入某些淡水螺、鱼类或蝌蚪（第二中间宿主）的体内变为囊蚴。鹅或其他终末宿主吞食了这些含有囊蚴的第二中间宿主或从死的淡水螺中逸出的囊蚴，就会被感染。囊蚴的囊壁被家禽消化，幼虫脱囊而出，附着于直肠和盲肠壁上，经 16~22 天发育为成虫。

鹅终年均可受感染，但以 6~8 月为感染高峰季节。

棘口吸虫对鹅的危害主要是由于虫体的机械刺激和毒素作用，引起黏膜的损伤和出血，可见出血性盲肠炎和直肠炎。鹅轻度感染则症状不明显。雏鹅严重感染时，表现食欲减退，消化不良，腹泻，粪便中混有黏液，贫血，消瘦，生长发育停滞，最后因衰竭而死亡。成年鹅体重下降，母鹅产蛋减少。

剖检可见肠道呈出血性炎症，直肠、盲肠的黏膜损伤、点状出血，肠内容物充满黏液，黏膜上附有大量虫体（图 4-24）。

图 4-24　小肠黏膜肿胀、充血、出血，见有虫体（棘口吸虫）附着

病名	与鹅棘口吸虫病的相似点	与鹅棘口吸虫病的不同点
鹅绦虫病	二者均表现食欲减退，贫血，消瘦，生长发育受阻，下痢；并均有传染性	鹅绦虫病的病原为绦虫，粪检含有孕节片；剖检肠内有虫体
鹅球虫病	二者均表现食欲减退，精神不振，下痢；并均有传染性	鹅球虫病的病原为球虫；病鹅喝水增加，排桃红色或暗红色粪便，有时带有黄色黏液，腥臭；剖检可见小肠肿胀、有出血点或出血斑，肠内容物为浅红色或鲜红色的黏液或胶冻样，但不形成肠芯；洗去病变肠部血液和黏液，刮取少量黏膜加1~2滴生理盐水充分调匀，镜检可见大量球形的像剥了皮的橘子似的裂殖体、香蕉形的裂殖子和卵囊
鹅线虫病	二者均表现食欲减退，贫血，消瘦，粪检有虫卵；并均有传染性	鹅线虫病的病原为线虫；病鹅一般不下痢（环形、膨尾线虫，严重时有肠炎）；剖检可在嗉囊、食道、腺胃黏膜、肌胃角质层下见到虫体

1）鹅感染本病是吞食含有囊蚴的中间宿主所致。因此，不要到可疑感染的水域牧鹅，尽量做到对鹅不生喂含有囊蚴的贝类、蝌蚪、鱼类和水草等。放养雏鹅的池塘，应先杀灭中间宿主。

2）对鹅群要定期驱虫。可用阿苯达唑，按每千克体重10毫克，每半月进行1次。

3）对饲养环境、用具要经常消毒。要及时清理粪便，尤其是在驱虫后24小时内，要将清理的粪便做堆积发酵无害化处理，以避免病原散播。有条件时，要进行灭螺，消灭中间宿主。

（1）**氯硝柳胺**　按每千克体重50~100毫克，均匀拌料1次喂服，疗效极佳。

（2）**阿苯达唑**　按每千克体重10~25毫克，均匀拌料1次喂服。

（3）**吡喹酮**　按每千克体重5~10毫克，均匀拌料1次喂服。

（4）**槟榔煎剂**　用槟榔粉50克，加水1000毫升，煎半小时后约剩750毫升，然后用纱布滤去药渣，剩下药液按每千克体重用药液7.5~11毫升，空腹灌服。

十一、鹅舟形嗜气管吸虫病

鹅舟形嗜气管吸虫病是由舟形嗜气管吸虫寄生于鹅的气管、支气管、咽、气囊内引起的寄生虫病。

虫体及生活史

舟形嗜气管吸虫虫体扁平、呈长卵圆形、浅红至粉红色，大小为（6~12）毫米 × 3 毫米（图 4-25）。口吸盘发育不全，无腹吸盘，肠管先分成 2 支，而后在虫体后部连接。卵巢和睾丸位于虫体的后部，睾丸呈凹形，子宫高度盘曲于体中部，虫卵为椭圆形，内含毛蚴。

舟形嗜气管吸虫寄生于鹅的气管、支气管、气囊内和眶下窦内，成虫在气管内产卵，卵与痰液被吞咽后随粪便排出体外，在水中孵出毛蚴，进入中间宿主螺蛳体内，最后形成囊蚴。当鹅吞食了含有囊蚴的螺蛳而被感染。囊蚴脱囊而出后，经过肠壁随同血液流入肺，再进入气管寄生，经 2~3 个月发育为成虫（图 4-26）。

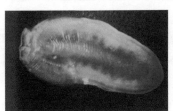

图 4-25　舟形嗜气管吸虫的虫体形态

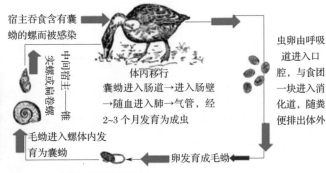

图 4-26　鹅嗜气管吸虫生活史

临床症状

轻度感染的鹅症状不明显。严重感染的鹅呈现突然发病，精神不振，食欲减退或废绝，呼吸困难，气喘，咳嗽，伸颈，摇头，张口，叫声嘶哑，羽毛蓬松，鼻腔有大量液体流出。多数病鹅表现进行性消瘦，贫血，生长发育缓慢。当虫体移行到气管上端阻塞呼吸道时，呼吸极度困难，最后窒息死亡。

病理变化

剖检可见呼吸道炎性渗出物增多，咽喉至肺细支气管黏膜充血、出血，在气管内可发现虫体，虫体附着的气管黏膜可见出血性炎症（图 4-27）。发生皮下气肿的病鹅，皮肤易剥离，气囊及皮下充满气体。重症者可见有不同程度的肺炎变化。

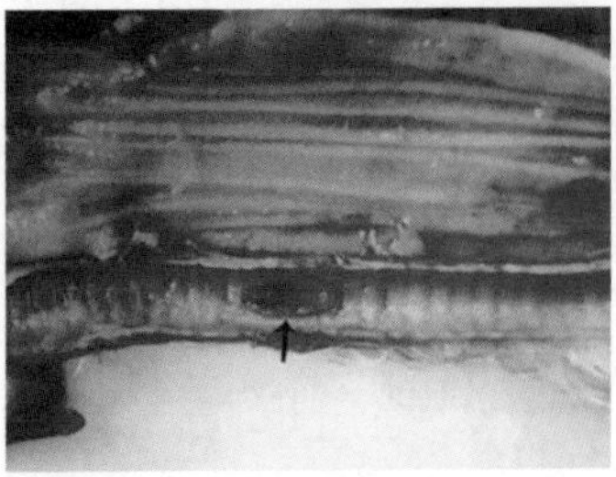

图 4-27　病鹅气管充血、出血，管壁见有寄生的舟形嗜气管吸虫

病名	与鹅舟形嗜气管吸虫病的相似点	与鹅舟形嗜气管吸虫病的不同点
鹅曲霉菌病	二者均表现喘气，伸颈张口呼吸；并均有传染性	鹅曲霉菌病的病原为曲霉菌，病鹅吃了有曲霉菌的饲料而发病；呼吸有"沙沙"声，闭目昏睡，约有 5% 发生曲霉菌眼炎，眼结膜潮红，眼睑肿大；剖检可见肺有灰白色、黄白色、粟粒大至豆粒大的霉菌性结节，挑出内容物加盖玻片可见霉菌的菌丝
鹅线虫（支气管杯口线虫、气管比翼线虫）病	二者均表现伸颈张口呼吸，可因窒息而死亡；并均有传染性	鹅线虫（支气管杯口线虫、气管比翼线虫）病的病原为线虫；病鹅不咳嗽，不因吃螺而发病；剖检气管可见虫体

类症鉴别

预防措施

1）主要是避免鹅吞食含有囊蚴的螺蛳，不要在易感染水域牧鹅；有条件时，可用 1∶5000 的硫酸铜溶液对牧鹅水域进行灭螺。

2）定期驱虫，可用阿苯达唑，按每千克体重 10 毫克，每半月进行 1 次预防性驱虫。在驱虫后 24 小时加强粪便管理，及时清扫粪便，并做堆积发酵处理，以避免病原散播。

治疗方法

（1）0.1%~0.2% **碘溶液**　雏鹅 0.5~1.0 毫升，成年鹅 1.5~2 毫升，由气管注入，隔 2 天再注入 1 次，效果较好。

（2）5% **水杨酸钠**　雏鹅 0.5~1.0 毫升，成年鹅 1.5~2 毫升，由气管注入，隔 2 天再注入 1 次。

（3）**阿苯达唑**　按每千克体重 10~25 毫克，均匀拌料 1 次喂服。

十二、鹅背孔吸虫病

鹅背孔吸虫病是由纤细背孔吸虫寄生于鹅的盲肠或小肠所引起的一种寄生虫病。

虫体及生活史

纤细背孔吸虫虫体呈长椭圆形，前端稍尖，后端钝圆，长 2~5 毫米、宽 0.65~1.4 毫米（图 4-28）。只有口吸盘，呈圆形，位于体前端，无腹吸盘和咽。虫卵大小为 15~21 微米，两端各有一条卵丝，丝长约 0.26 毫米。

纤细背孔吸虫在发育过程中只需要一个中间宿主（淡水螺）。成虫产卵随宿主粪便排出体外，在适宜的

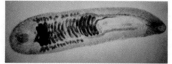

图 4-28　纤细背孔吸虫的虫体形态

环境下，3~4 天后孵出毛蚴。毛蚴遇到螺蛳则钻入其体内，然后依次发育为胞蚴、雷蚴和尾蚴。尾蚴从螺体逸出，在水草上形成囊蚴，也可以留在螺体内形成囊蚴。鹅由于啄食含有囊蚴的螺蛳或水草而感染。囊壁被消化后，童虫附着在鹅的盲肠黏膜，约经 3 周发育为成虫。一般以 5~8 月为感染高峰季节。

病鹅初期症状不明显。以后由于虫体分泌毒素的作用，病鹅精神沉郁，离群呆立，闭目嗜睡。饮欲增加，食欲减退或废绝。腿软，行走摇晃，常易倒地，严重者不能站立。拉稀，粪便呈浅绿色至棕褐色，胶冻样或水样，严重者混有血液。病鹅最后贫血，衰竭而死。病程多为 2~6 天。

剖检可在盲肠和直肠黏膜上发现虫体（图 4-29），同时还可见到大肠黏膜糜烂和卡他性肠炎。

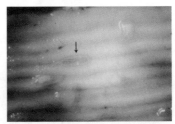

图 4-29　盲肠黏膜内寄生的虫体

病名	与鹅背孔吸虫病的相似点	与鹅背孔吸虫病的不同点
鹅绦虫病	二者均表现食欲减退，贫血，消瘦，生长发育受阻，下痢；并均有传染性	鹅绦虫病的病原为绦虫，粪检含有孕节片；剖检肠内有虫体
鹅球虫病	二者均表现食欲减退，精神不振，下痢；并均有传染性	鹅球虫病的病原为球虫；病鹅喝水增加，排桃红色或暗红色粪便，有时带有黄色黏液，腥臭；剖检可见小肠肿胀、有出血点或出血斑，肠内容物为浅红色或鲜红色的黏液或胶冻样，但不形成肠芯；洗去病变肠部血液和黏液，刮取少量黏膜加 1~2 滴生理盐水充分调匀，镜检可见大量球形的像剥了皮的橘子似的裂殖体、香蕉形的裂殖子和卵囊
鹅线虫病	二者均表现食欲减退，贫血，消瘦，粪检有虫卵；并均有传染性	鹅线虫病的病原为线虫；病鹅一般不下痢（环形、膨尾线虫，严重时有肠炎）；剖检可在嗉囊、食道、腺胃黏膜、肌胃角质层下见到虫体

1）避免鹅吞食含有囊蚴的淡水螺或水草，防止虫体感染。

2）预防性驱虫可用阿苯达唑，按每千克体重 10 毫克，每半月进行 1 次。

3）注意保持鹅舍、运动场清洁卫生，及时清扫粪便，并做堆积发酵处理，以避免病原体散播。

4）不要在疫区牧鹅。有条件的地区可用 1∶5000 的硫酸铜溶液灭螺。

（1）**五氯柳胺**　按每千克体重 15~30 毫克，均匀拌料 1 次喂服。

（2）**槟榔**　按每千克体重 0.6 克，煎水，于每天傍晚用小皮管投服 1 次，连用 2 天。

十三、鹅棘头虫病

鹅棘头虫病是由多形棘头虫和细颈棘头虫寄生于鹅的小肠所引起的一种寄生虫病，往往会造成鹅死亡，雏鹅的死亡率高于成年鹅。

虫体及
生活史

引起鹅棘头虫病的棘头虫主要有 3 种。

（1）**小多形棘头虫**　虫体较小，呈橘红色、纺锤形；吻突呈卵圆形，具有 16 纵列的钩，每列 7~10 个，前部的钩大，向后逐渐变小，虫体前部有小刺，排成 56~60 纵列，每列有 18~20 个小钩；吻囊发达；雄虫长 3 毫米，睾丸近于圆形；雌虫长 10 毫米，卵呈纺锤形，有 3 层膜（图 4-30）。

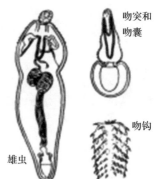

图 4-30　鹅小多形棘头虫

（2）**大多形棘头虫**　虫体呈橘红色、纺锤形；前端大，后端狭细；吻突上有 18 纵列的小钩，每列 7~8 个，每一纵列的前 4 个钩比较大；吻突呈圆柱形，为双层构造；雄虫长 9.2~11 毫米，睾丸呈卵圆形；雌虫长 12.4~14.7 毫米，卵呈纺锤形，在卵胚两端有特殊的突出物。

（3）**细颈棘头虫**　虫体呈白色、纺锤形，前部有小刺；雄虫长 4~6 毫米，宽 1.5~2 毫米；吻突呈椭圆形，具有 18 纵列的小钩，每列 10~16 个，吻腺长，睾丸前后排列；雌虫呈黄白色，长 10~25 毫米，宽 4 毫米；吻突膨大、呈球形，直径为 2~3 毫米；其前端有 18 纵列的小钩，每列 10~11 个，呈星芒状排列；吻腺也长；卵呈椭圆形。

上述 3 种棘头虫的中间宿主均为钩虾，河虾、岸蟹和栉水虱。虫卵随粪便排出，被钩虾或栉水虱等中间宿主吞食，经 54~60 天，即发育为感染性幼虫。这些中间宿主在夏、秋季节活动频繁。鹅群在此期间放牧时，因吞食了含感染性幼虫的钩虾或栉水虱而感染，在肠道内经 27~30 天发育为成虫，故鹅棘头虫病多发于 7~8 月。1~3 月龄的鹅易感染。常呈地方性流行，可引起鹅大批死亡（图 4-31）。

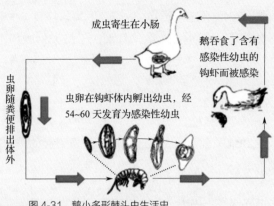

成虫寄生在小肠

鹅吞食了含有感染性幼虫的钩虾而被感染

虫卵随粪便排出体外

虫卵在钩虾体内孵出幼虫，经54~60天发育为感染性幼虫

图 4-31　鹅小多形棘头虫生活史

临床症状

严重感染时，病鹅精神沉郁，食欲减退或废绝，腹泻，粪便带血，贫血，消瘦，生长发育迟缓。当棘头虫虫体固着部位发生脓肿或肠穿孔时，病症加剧，引起继发性细菌感染，导致病鹅死亡。成年鹅的症状不明显。

病理变化

剖检可见肠道浆膜面上有凸出的黄白色小结节，在肠壁上有大量橘红色的虫体，固着部位出现不同程度的创伤。有时虫体吻突刺入黏膜深部，穿过肠壁的浆膜层，甚至造成肠壁穿孔而继发腹膜炎。

类症鉴别

病名	与鹅棘头虫病的相似点	与鹅棘头虫病的不同点
鹅绦虫病	二者均表现食欲减退，贫血，消瘦，生长发育受阻，下痢；并均有传染性	鹅绦虫病的病原为绦虫，粪检含有孕节片；剖检肠内有虫体
鹅球虫病	二者均表现食欲减退，精神不振，下痢；并均有传染性	鹅球虫病的病原为球虫；病鹅喝水增加，排桃红色或暗红色粪便，有时带有黄色黏液，腥臭；剖检可见小肠肿胀、有出血点或出血斑，肠内容物为浅红色或鲜红色的黏液或胶冻样，但不形成肠芯；洗去病变肠部血液和黏液，刮取少量黏膜加1~2滴生理盐水充分调匀，镜检可见大量球形的像剥了皮的橘子似的裂殖体、香蕉形的裂殖子和卵囊
鹅线虫病	二者均表现食欲减退，贫血，消瘦，粪检有虫卵；并均有传染性	鹅线虫病的病原为线虫；病鹅一般不下痢（环形、膨尾线虫，严重时有肠炎）；剖检可在嗉囊、食道、腺胃黏膜、肌胃角质层下见到虫体

1）成年鹅为带虫传播者，雏鹅和成年鹅应分群放牧或饲养。在成年鹅放牧过的水田或水塘内，最好不要放牧雏鹅。

2）经常对成年鹅和雏鹅进行预防性驱虫，最好在驱虫 10 天后，把鹅群转入安全池塘放牧，并经常用药杀灭池塘中的中间宿主。

3）加强鹅粪管理，防止病原扩散。

可用阿苯达唑，按每千克体重 10~25 毫克，1 次灌服。

十四、鹅球虫病

鹅球虫病主要是由艾美耳科艾美耳属及泰泽属的球虫寄生于鹅的肾脏和肠道所引起的一种疾病，主要发生于雏鹅，发病日龄越小，死亡率越高，能耐过的病鹅往往发育不良、生长受阻，对养鹅业危害极大。

球虫属原生动物，虫体小，肉眼看不见，只能借助显微镜观察。据报道，鹅球虫有 15 种，寄生于鹅肾脏的截形艾美耳球虫致病力最强，常呈急性经过，死亡率较高。其余 14 种球虫均寄生于鹅的肠道上皮细胞，其中以鹅艾美耳球虫致病性最强，可引起严重发病。

鹅球虫属于直接发育型，不需要中间宿主，需经过 3 个阶段，即在宿主体内进行的裂体增殖阶段和配子生殖阶段及在外界环境中完成的孢子增殖阶段。在鹅粪中见到的球虫叫卵囊，是球虫的一个发育阶段。卵囊在适宜的温度、湿度条件下，进行孢子增殖，形成含有 4 个孢子囊，每个孢子囊内含有 2 个子孢子的感染性卵囊。鹅吞食了这样的卵囊被感染。在肌胃内卵囊壁被破坏，孢子囊脱出，然后进入小肠，在胆汁和胰蛋白酶的作用下，子孢子游离出来侵入肠上皮细胞进行裂体增殖。裂体增殖进行若干世代后，开始进行有性配子生殖，大、小配子结合为合子，合子的外壁增厚成为卵囊，随粪便排出体外。

国内暴发的鹅球虫病多为肠道球虫病。常引起血性肠炎，导致雏鹅大批死亡，病原体多是以鹅艾美耳球虫为主，由数种肠道球虫混合感染致病。鹅肾球虫病主要发生于 3~12 周龄的雏鹅，发病较为严重，寄生于肾小管的球虫，能使肾组织遭受严重损伤，死亡率可高达 80% 左右。鹅肠道球虫病主要发生于 2~11 周龄的雏鹅，临床上所见的病鹅最小的为 6 日龄，最大的为 70 日龄，以 3 周龄以下的鹅多见。常引起急性暴发，呈地方性流行。发病率为 90%~100%，死亡率为 10%~95%。通常是日龄小的发病严重、死亡率高。本病的发生与季节有一定的关系，鹅肠道球虫病大多发生在 5~8 月、温暖潮湿的多雨季节。不同日龄的鹅均可发生感染，日龄较大的及成年鹅的感染，常呈慢性或良性经过，成为带虫者和传染源。

临床症状

　患肾球虫病的雏鹅，表现为精神不振、极度衰弱、消瘦、反应迟钝，眼球下陷，翅下垂，食欲减退或废绝，腹泻，粪便呈灰白色，常衰竭而死（图 4-32）。

　患肠道球虫病的雏鹅精神委顿，缩头垂翅，食欲减退或废绝，喜卧，不愿活动，常落群，渴欲增强，饮水后频频甩头，腹泻，排棕色、橘红色或暗红色带有黏液的稀便（图 4-33），有的病鹅粪便全为血凝块，肛门周围的羽毛被红色或棕色排泄物污染，常在发病后 1~2 天内死亡。

图 4-32　病鹅精神不振、反应迟钝，翅下垂，腹泻

病理变化

　鹅球虫按寄生部位不同，可分为寄生于肾和寄生于肠道的 2 种类型。

　（1）肾球虫病　由具有强大致病力的截形艾美耳球虫所引起的。病鹅肾脏肿大，由正常的浅红色变成浅灰黄色或红色，可见有针头状的白色病灶或条纹状出血斑点，在灰白色病灶中含有尿酸盐沉积物及大量卵囊。

图 4-33　病鹅排橘红色稀便

　（2）肠道球虫病　寄生于鹅肠道的球虫中，以鹅艾美耳球虫和柯氏艾美耳球虫的致病力最强，能引起严重发病和死亡；其次为毒害艾美耳球虫，其他品种致病力较弱。病鹅小肠肿大，充满浓稠浅红棕色液体。病鹅呈严重出血性卡他性肠炎，肠黏膜增厚、出血、糜烂，回肠段和直肠中段的肠黏膜有麸糠样的伪膜覆盖，盲肠黏膜脱落，形成坚硬白色肠芯（图 4-34）。取伪膜压片镜检，可发现大量卵囊。十二指肠至卵黄

图 4-34　病鹅肠道中充满脓血样内容物

蒂处病变轻，呈轻度充血，或有卡他性炎症。肠内容物为红色至褐色黏稠物，不形成肠芯，取内容物镜检，可发现大量卵囊。

类症鉴别

病名	与鹅球虫病的相似点	与鹅球虫病的不同点
鹅新型腺病毒感染	二者均表现精神沉郁、嗜睡，食欲减退或废绝，离群，拉红色稀粪；肠道出血	鹅新型腺病毒感染是由新型腺病毒即 A 型病毒引起的，主要侵害 40 日龄以内的雏鹅，无季节性，是致死率高达 90% 以上的一种急性传染病；病鹅泄殖腔的周围常常粘满粪便，排出的粪便呈水样，其间夹杂黄绿色或灰白色黏液物质，个别因肠道出血严重，排出浅红色粪便；明显的病变表现为小肠外观膨大，比正常大 1~2 倍，内为包裹有浅黄色伪膜的凝固性栓子，有栓塞物处的肠壁菲薄透明，无栓子的肠壁则严重出血
小鹅瘟	二者均表现精神委顿、嗜睡，食欲减退或废绝，离群，拉稀粪，嗉囊含有液体，消瘦迅速；小肠有白色栓子	小鹅瘟是由细小病毒引起的雏鹅与雏番鸭的一种急性或亚急性的高度致死性传染病，主要侵害 20 日龄以内的雏鹅，致死率高达 90% 以上，超过 3 周龄雏鹅仅少数发生，1 月龄以上雏鹅基本不发生，发病一般无季节性；小鹅瘟病例严重腹泻（排灰白色或灰黄色的水样稀粪，常为米浆样混浊且带有气泡或有纤维状碎片，肛门周围绒毛被污染），有时出现神经症状；病变特征主要是渗出性肠炎，小肠黏膜表层大片坏死脱落，与渗出物凝成伪膜状，形成栓子阻塞肠管
鹅巴氏杆菌病	二者均表现精神委顿，闭目打盹，食欲减退或废绝，拉稀，离群呆立；肠道出血	鹅巴氏杆菌病是由多杀性巴氏杆菌引起的有高度发病率和死亡率的一种急性败血性传染病；急性病例严重下痢，粪便呈黄绿色或污绿色，严重时呼吸困难，张嘴伸脖，最后因麻痹虚脱而死亡；急性可转为慢性时，病鹅长期拉稀，逐渐消瘦；特征性病变为心外膜和心冠脂肪有出血点，肝脏肿大、质脆，表面有灰白色针尖大小的坏死点

预防措施

1）保持鹅舍清洁、干燥，粪便应每天清除，防止饲料和饮水被鹅粪污染。粪便应堆贮发酵，杀灭球虫卵。

2）栏圈、食槽、饮水器及用具等要经常清洗、消毒。运动场勤垫换新土。

3）不同年龄的鹅要分开饲养。

4）药物预防。

①复方磺胺甲噁唑，按 0.02% 混于饲料中饲喂，连用 4~5 天。

②氯苯胍，按每千克饲料中加入 120~150 毫克，均匀混料饲喂，或在每升饮水中加入 80~120 毫克饮服，连用 4~6 天。

③氯羟吡啶（克球多、可爱丹），按每千克饲料中加入 100~125 毫克，均匀混料饲喂，连用 3~7 天。

④磺胺六甲氧嘧啶，按 0.05%~0.1% 混于饲料中饲喂，连用 3~5 天。

所有药物在屠宰前 7 天应停止添加。

治疗方法

治疗鹅球虫病的药物较多，应早诊断早用药。宜采取 2 种以上的药物交替使用，否则易产生抗药性。

（1）**氯苯胍**　按每千克饲料中加入 100 毫克，均匀混料饲喂，连用 7~10 天，屠宰前 7~10 天停止投药。

（2）**氨丙啉**　按每千克饲料中加入 150~200 毫克，均匀混料饲喂，或在每升饮水中加入 80~120 毫克饮服，连用 7 天。用药期间应停止喂维生素 B_1。

（3）**磺胺二甲嘧啶**　以 0.5% 混料饲喂或以 0.2% 饮水，连用 3 天，停用 2 天后，再连用 3 天。

（4）**氯羟吡啶**　按每千克饲料中加 250 毫克，均匀混料饲喂，连用 3~5 天。

（5）**磺胺喹噁啉**　按 0.0125% 均匀混料饲喂，连用 3~4 天。

（6）**磺胺间甲氧嘧啶**　按 0.05%~0.2% 均匀混料饲喂，连用 3~5 天。

（7）**盐霉素**　按每千克饲料中加 60 毫克，均匀混料饲喂，连用 3~5 天。

十五、鹅毛滴虫病

鹅毛滴虫病是由鹅毛滴虫寄生引起鹅的一种原虫性疾病，可造成成批死亡。其主要特征是在肠道后段的溃疡性损伤及肝脏等脏器发生肿大。

虫体及生活史

毛滴虫虫体呈圆形或梨形，大小为（7.9~15）微米 ×（4.7~13）微米，有 4 根活动的前端鞭毛，长度与虫体接近，沿着发育良好的波状膜边缘长出第 5 根鞭毛，像一根活动的皮靴，鞭毛具有运动性（图 4-35）。

本病主要的感染源是病鹅或带虫鹅。毛滴虫寄生在鹅肠道的后段，随病鹅粪便排出体外，健康的鹅吃了被毛滴虫污染的饲料和饮水而感染。啮齿类动物和昆虫可

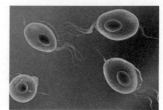

图 4-35　毛滴虫

成为本病的机械传播者。在流行地区的鹅场，成年鹅有 50%~70% 轻度感染而成为带虫鹅。当饲养管理不当或由于其他疾病，使鹅消化道后段黏膜受到损伤时，虫体便乘机侵入，这时鹅极易感染本病而造成大批死亡。鹅的易感年龄为数周至 5~8 月龄。

本病多发生于春、秋两季。

临床症状

本病的潜伏期为 6~15 天。一般经 5~8 天出现症状，其症状可分为急性型和慢性型 2 种类型。幼雏多呈急性型，病鹅体温升高，精神沉郁，食欲减退或废绝，继而出现跛行，活动困难，喜卧，卷缩成团，吞咽和呼吸困难。腹泻，粪便呈浅黄色，口腔及喉头黏膜充血，并可见有绿豆粒大小的浅黄色小结节，有时由于食道溃疡而穿孔。倘若病的损害只局限于肠道及上呼吸道前段，约有 1/3 病例的食道及上呼吸道的溃疡可形成疤痕而康复。有的病例可发生坏死性肠炎、肝炎或因肝的坏死区破裂而死亡。慢性型多见于成年鹅。病鹅表现消瘦，绒毛脱落，生长发育缓慢，常在头、颈、腹部出现秃毛区。口腔黏膜常有干酪样物质积聚，使嘴难以张开，采食困难。

病理变化

剖检可见盲肠乳头突黏膜肿胀、充血，并有凝血块；肝脏肿大、呈褐色或黄色；母鹅的输卵管发炎和蛋滞留，滞留的蛋壳表面呈黑色，其内容物腐败变质；输卵管黏膜坏死，管腔内积液，呈粥状、暗灰色，卵泡变形。

类症鉴别

病名	与鹅毛滴虫病的相似点	与鹅毛滴虫病的不同点
小鹅瘟	二者均表现精神沉郁、呆立，羽毛松乱，食欲减退，拉稀，肠道充血、出血	小鹅瘟是由鹅细小病毒引起的一种高病死率的急性传染病，常发生于 30 日龄以内的雏鹅，多流行于育雏期；病鹅两腿麻痹，行动迟缓，后期有明显的神经症状，个别患病雏鹅临死前出现颈部扭转或抽搐、瘫痪；剖检可见小肠部分肠管显著膨大，空肠和回肠有急性卡他性 - 纤维素性坏死性肠炎，整片肠黏膜坏死、脱落，与凝固的纤维素渗出物形成栓子或包裹在肠内容物表面形成伪膜，堵塞肠腔，靠近卵黄与回盲部的肠段，外观极度膨大，质地坚实，形状如香肠，肠管被浅灰色或浅黄色的栓子塞满
鹅伪结核病	二者均表现精神沉郁、呆立，羽毛松乱，食欲减退，拉稀，肠道充血、出血；并均有传染性	鹅伪结核病的病原是伪结核耶尔辛菌；病鹅两腿发软，麻痹，行走困难，下痢呈绿色水样或暗红色；剖检可见心包液呈浅黄红色，心冠脂肪、心内膜、肺有出血点、出血斑，肝脏、脾脏、肺有黄白色坏死灶或白色结节，气囊粗糙、有黄色干酪样物

病名	与鹅毛滴虫病的相似点	与鹅毛滴虫病的不同点
鹅曲霉菌病	二者均表现精神沉郁，食欲减退或废绝，缩颈呆立、两眼半闭，羽毛松乱；并均有传染性	鹅曲霉菌病的病原为曲霉菌，4~6 日龄最多，至 2~3 周龄停止；病鹅气喘，头颈伸直，呼吸困难，粪呈糊状、绿色或黄色；剖检可见肺、气囊、腹腔浆膜有霉菌性结节，气囊霉斑如碟状、呈烟绿色或深褐色，用手拨有粉状物飞扬；镜检肺部霉状结节可见到曲霉菌丝，镜检气囊、支气管霉状结节可见到分隔霉丝特征性的分生孢子柄和孢子
鹅吸虫（卷棘口吸虫）病	二者均表现精神不振，食欲减退，下痢；并均有传染性	鹅吸虫病的病原为吸虫（卷棘口吸虫）；剖检可见肠黏膜上附有大量的虫体
鹅球虫病	二者均表现精神不振，食欲减退，下痢；并均有传染性	鹅球虫病的病原为球虫，鹅病初腹泻，随后排暗红色或深红色血便；剖检可见整个小肠呈弥漫性出血性肠炎，肠黏膜上有出血斑或密布针尖大小的出血点，有的见有红白相间的小点，有的黏膜上覆盖一层糠麸状或奶酪状黏液，或有浅红色或深红色胶冻状出血性黏液

预防措施

1）定期对鹅舍、用具、周围环境进行严格消毒。

2）雏鹅与成年鹅必须分开饲养，防止交叉感染。

3）在饲料中适当增加蛋白质和维生素饲料，以提高鹅的抗病能力。

4）保证饲料和饮水的卫生，做到常年灭鼠。

治疗方法

（1）乳酸依沙吖啶　按每千克体重用药 0.01 克溶于水中，逐只灌服，24 小时后再重新灌服 1 次。

（2）硫酸铜　用 1∶2000 硫酸铜溶液饮水，有一定疗效，但要慎重，饮用过量会引起中毒。

（3）甲硝唑（灭滴灵）　每只病鹅每天 100~200 毫克，分 2 次投服，连用 7 天。

十六、鹅隐孢子虫病

鹅隐孢子虫病是由贝氏隐孢子虫寄生于鹅的呼吸系统、法氏囊和泄殖腔内所引起的一种原虫病。其主要特征为病鹅声音嘶哑，呼吸困难，法氏囊及呼吸道黏膜上皮水肿，两侧眶下窦内有大量黄白色液体。

贝氏隐孢子虫主要寄生于鹅的法氏囊、鼻道、气管、呼吸道和肠道等处。贝氏隐孢子虫的卵囊为卵圆形，卵囊壁光滑无色，囊内不形成孢子囊，内含4个裸露的孢体和一团残体（图4-36）。贝氏隐孢子虫的发育可分为裂体生殖、配子生殖和孢子生殖3个阶段。卵囊在宿主细胞内进行孢子化。孢子化的卵囊随感染的宿主粪便排出，污染环境、食物和饮水。鹅吞食卵囊或经呼吸道而感染。在鹅的胃肠道或呼吸道，子孢子从卵囊脱囊逸出，进入呼吸道和法氏囊上皮细胞的刷状缘或表面膜下，经无性裂体生殖，形成第一代裂殖体。每个裂殖体有8个裂殖子，裂殖子再形成第二代裂殖体，其内含有4个裂殖子，从第二代裂殖体裂解出来的裂殖子分别发育为大、小配子体，小配子体再分裂成16个没有鞭毛的小配子。大、小配子结合形成合子，由合子形成薄壁型和厚壁型2种卵囊，在宿主体内行孢子生殖后，各含4个孢子和一团残体。薄壁型卵囊囊壁破裂释放出子孢子，在宿主体内行自身感染；厚壁型卵囊则随宿主的粪便排出体外，可直接感染新的宿主（图4-37）。

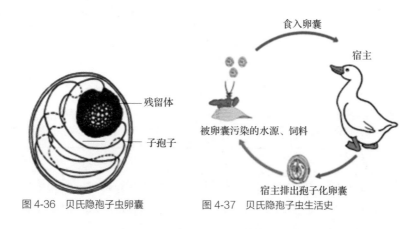

图4-36　贝氏隐孢子虫卵囊　　　　图4-37　贝氏隐孢子虫生活史

贝氏隐孢子虫是一种多宿主寄生原虫，在我国发现于鸡、鸭、鹅、火鸡、鹌鹑、孔雀等体内。贝氏隐孢子虫主要危害雏鹅，成年鹅则是带虫而不显症状。主要感染方式是发病的鸟、禽类和隐性带虫者粪便中的卵囊污染了鹅的饲料、饮水等，通过鹅消化道感染，也可经呼吸道感染。

本病无明显季节性，在卫生条件较差的地区容易流行。

病鹅表现精神沉郁，食欲减退，鼻腔、气管分泌物增多，流浆液性鼻汁，咳嗽，声音嘶哑，呼吸困难，伸颈张口呼吸，可听到喉鸣音，严重者声音消失。双侧面部眶下窦肿大。排水样或糊状粪便。

剖检可见泄殖腔、法氏囊及呼吸道黏膜上皮水肿，肺腹侧坏死，气囊增厚、混浊，外观呈云雾状，两侧眶下窦内有大量黄白色液体，气管、喉头有大量黏液，气管充血。

病名	与鹅隐孢子虫病的相似点	与鹅隐孢子虫病的不同点
鹅巴氏杆菌病	二者均表现精神委顿，缩颈闭目，翅下垂，呼吸急促，食欲废绝	鹅巴氏杆菌病的病原为巴氏杆菌；病鹅口鼻有泡沫黏液，常有剧烈腹泻，冠髯紫黑、水肿；剖检可见皮下组织、肠系膜、黏膜、浆膜均有出血点，胸腹腔、气囊、肠系膜有纤维素性或干酪样渗出物；病料涂片、染色镜检可见两极着色的卵圆形短杆菌
鹅曲霉菌病	二者均表现精神不振，闭口，翅下垂，打喷嚏，食欲减退或废绝，伸颈张口呼吸	鹅曲霉菌病的病原为曲霉菌；病鹅喘气，用耳倾听呼吸有"沙沙"声，眼睑肿胀；剖检肺气囊有黄白色或灰白色霉菌结节；用针刺破取结节内容物涂片，加氢氧化钾后镜检可见曲霉菌的菌丝，气囊、支气管的病变镜检可见到分隔菌丝特性的分生孢子柄和孢子
鹅线虫（气管比翼线虫）病	二者均表现伸颈张口呼吸，气管有较多泡沫液体	鹅线虫病的病原为气管比翼线虫；口内充满泡沫液体，头颈不断甩动；剖检喉头可见叉子形虫体

1）平时应加强饲养管理和环境管理。保持鹅舍、运动场地的清洁卫生，及时清除粪便，尤其是在驱虫后24小时内，清除的粪便应做堆积发酵处理，以免病原体散播。

2）对鹅群定期驱虫。

3）成年鹅与雏鹅分群饲养。

4）饲养场地和用具等应经常用热水或5%氨水或10%福尔马林（甲醛）消毒。

目前，对鹅隐孢子虫病尚无特效治疗药物，常用抗生素及抗原虫药物，但绝大多数效果不佳。有报道称，大蒜素治疗隐孢子虫病具有一定疗效。

十七、鹅住白细胞虫病

鹅住白细胞虫病又名白细胞孢子病或嗜白细胞体病，是由西氏住白细胞原虫引起的一种急性和高度致死性的原虫病。雏鹅发病严重，死亡率达 35%。

西氏住白细胞原虫在鹅的内脏器官（肝脏、脾脏、肺、心脏等）内进行裂殖生殖繁殖，产生裂殖子和多核体。某些裂殖子进入肝脏的实质细胞，进行新的裂殖生殖；另一些则进入红细胞或成红细胞，并发育为配子体。多核体被巨噬细胞或网状内皮细胞所吞噬，发育为巨型裂殖体，并释放出裂殖子进入淋巴细胞和白细胞，形成配子体。这时的白细胞呈纺锤形，当吸血昆虫蚋叮咬病鹅吸血时，吸进配子体。在蚋的体内进行孢子生殖，在 3~4 天内完成发育。大配子受精后发育为动合子，在蚋的胃内形成卵裂，产生子孢子。子孢子从卵囊逸出后，进入蚋的唾液腺，当蚋再叮咬健康的鹅时，传播子孢子，使健康鹅感染致病（图 4-38）。

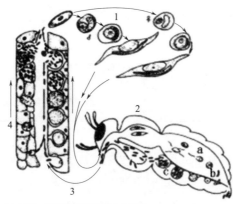

1— 大配子体与小配子体在禽红细胞内的发育过程

2— 在蚋体内的配子生殖：a. 小配子与大配子结合；b.动合子；c.卵囊与子孢子

3— 在肝细胞行裂子生殖

4— 在肝巨噬细胞内的大殖体生殖过程：大裂殖体及其裂殖子

图 4-38　西氏住白细胞原虫生活史

本病的流行与蚋等吸血昆虫活动期密切相关，多发于 7 月。雏鹅对本病较易感，并多呈急性经过，24 小时内死亡，死亡率达 35%。成年鹅多呈慢性经过，症状较轻，死亡率较低。

本病的潜伏期为 6~10 天。雏鹅发病后，高热，精神沉郁，无食欲，渴欲增加，体重减轻，贫血，虚弱，下痢，粪便呈浅黄绿色；运动共济失调，两脚轻瘫，走路困难，摇摆不稳，常伏卧地上，呼吸急促和困难；眼、鼻黏膜呈卡他性炎症，眼睑粘连，流泪，流鼻液，病程为 1~3 天，死亡率为 30%~40%。成年鹅仅出现精神委顿等症状，死亡率较低。

剖检可见病死鹅体形消瘦，贫血，肝脏、脾脏肿大、充血，肾脏苍白，消化道黏膜充血，有时有肠炎变化；心包积液增多，心肌松弛、苍白。

病名	与鹅住白细胞虫病的相似点	与鹅住白细胞虫病的不同点
鹅链球菌病	二者均表现精神委顿，食欲减退，冠苍白，下痢、粪呈绿色，成年鹅产蛋率下降；并均有传染性	鹅链球菌病的病原为链球菌；病鹅嗜睡，冠有时呈紫色，髯水肿，腹泻、粪呈灰黄色或灰绿色，部分亚急性病例轻瘫跛行、脚底组织坏死；剖检可见皮下浆膜水肿，心包、腹腔有出血性浆液性纤维素性渗出物，心冠状沟、心外膜有出血点，肝脏、脾脏有出血坏死点，肺瘀血或水肿，慢性病例有关节炎、腱鞘炎；将肝脏、脾脏、血液、皮下渗出液涂片，用亚甲蓝、瑞氏或革兰染色镜检，可见蓝色、紫色或革兰阳性的单个或短链排列的球菌
鹅衣原体病	二者均表现精神委顿，食欲减退，冠苍白，下痢、粪呈绿色，成年鹅产蛋率下降；并均有传染性	鹅衣原体病的病原为衣原体；病鹅缩颈，头掩于翅下，鼻、眼有分泌物，呼吸困难，眼睑、下颌水肿；剖检可见头肿处皮下呈黄色胶冻样浸润，眶下窦有干酪样物，气囊壁厚、内有纤维素性液；将肝脏、脾脏、心包压片，用姬姆萨染色衣原体呈紫色

1）消灭中间宿主蚋类吸血昆虫，可用 0.2% 敌百虫或 0.5%~1% 有机磷杀虫剂在鹅舍内喷洒，每隔 6~10 天喷洒 1 次，以驱杀蚋类吸血昆虫。

2）淘汰带虫鹅，雏鹅和成年鹅应根据年龄分群饲养。

3）药物预防。在流行季节，用磺胺喹噁啉，每千克饲料中均匀加入 50 毫克，有预防作用。

（1）**氯苯胍** 按每千克体重 0.15 克，每天口服 1 次，连用 3 天。

（2）**复方磺胺甲噁唑** 每只每天用药 0.125 克，口服，首次加倍（2 倍药量），每天 1 次，连用 3~5 天。

十八、鹅蜱

蜱可侵害鸡、鹅、鸭、火鸡、鸽、珍珠鸡等。寄生于鹅的蜱是波斯锐缘蜱，主要是吸食鹅的血液，影响鹅的生长发育，蜱所产生的毒素也影响鹅的产卵，并且是一些传染病如螺旋体病的传播者。

虫体及生活史

波斯锐缘蜱的虫体扁平、呈卵圆形，体缘扁锐，背腹面之间有缝线分隔（图4-39）。体部背面无盾板，表皮为革质，表面有一层凹凸不平的颗粒状的角质层，头位于腹面前方，从背面看不见，雌虫大小为（7.2~8.8）毫米 ×（4.8~5.8）毫米，吸血前为浅灰色，吸饱血后为灰黑色。

波斯锐缘蜱的生活史包括卵、幼虫、若虫和成虫4个阶段，以宿主的血液为营养的虫体只在吸血时才到鹅身上，附在鹅的身上可达5~6天，吸完血后就从宿主身上落下来，藏在鹅舍的墙壁、柱子、巢窝等缝隙里，虫体吸血多半在夜间进行。

图4-39　波斯锐缘蜱

临床症状

由于虫体大量吸血，使病鹅表现不安，食欲减退，贫血，消瘦，生产力降低。同时还能传播一种高度致病性的鹅螺旋体病，严重时引起死亡。

类症鉴别

病名	与鹅体蜱寄生的相似点	与鹅体蜱寄生的不同点
鹅体蚤寄生	二者均表现瘙痒不安，不断啄啄羽毛、皮肤，消瘦，产蛋率下降	鹅体蚤寄生的病原为蚤，若鹅体有蚤寄生，拨开鹅体羽毛可见蚤迅速逃跑
鹅体虱寄生	二者均表现瘙痒不安，不断啄啄羽毛、皮肤，消瘦，产蛋率下降	鹅体虱寄生的病原虱，长期寄生于鹅体上，拨开羽毛可见虱缓慢爬动
鹅体螨寄生	二者均表现瘙痒不安，不断啄啄羽毛、皮肤，消瘦，产蛋率下降	鹅体螨寄生的病原为螨，可在木柱、屋顶、支架缝隙中找到红色或黑色的小圆点（刺皮螨）

防治措施

由于蜱仅在短时间内在宿主身上，然后隐蔽在周围环境的缝隙中，所以灭蜱必须在鹅舍的垫料、墙壁、地面、顶棚、栏圈、柱子等处同时进行。可用0.2%敌百虫喷洒，可在48~72小时杀死虫体。或用0.2%双甲脒乳油，配成0.05%溶液喷洒，或用0.0025%~0.005%溴氰菊酯溶液喷洒，具有良好的效果。在喷洒的同时，应保持环境的清洁卫生。

十九、鹅虱

鹅虱是寄生在鹅体表的一种寄生虫。寄生严重时引起鹅奇痒，产蛋减少，影响母鹅抱窝孵化，甚至衰弱消瘦死亡。

虫体及生活史

鹅虱口器属咀嚼式，以啮食毛、羽、皮屑为生，虫体体形小，分为头、胸、腹3部分（图4-40）。虫体呈长椭圆形，雄虫体长4~5毫米，雌虫体长5~6毫米。全身有密毛，虫体呈黄色，腹部各节有明显的横带。鹅虱是一种永久性寄生虫，全部生活史离不开鹅的体表。鹅虱产的卵常集合成块，黏着在羽毛的基部，依靠鹅的体温孵化，经5~8天变成幼虱，在2~3周内经过3~5次蜕皮而发育为成虫。

图4-40　鹅虱

传播方式主要是鹅的直接接触传染，一年四季均可发生，冬季较为严重。

临床症状

鹅虱啮食鹅的羽毛和皮屑，有的也吸食血液。鹅由于遭受鹅虱的刺激，皮肤发痒，寄生严重时，鹅奇痒不安，羽毛脱落，精神不安，食欲减退，消瘦等。鹅虱可使鹅的生长发育停滞，产蛋减少，影响母鹅抱窝孵化，甚至衰弱消瘦死亡。

类症鉴别

病名	与鹅体虱寄生的相似点	与鹅体虱寄生的不同点
鹅体蚤寄生	二者均表现瘙痒不安，不断喙啄羽毛、皮肤，消瘦，产蛋率下降	鹅体蚤寄生的病原为蚤，若鹅体有蚤寄生，拨开鹅体羽毛可见蚤迅速逃跑
鹅体蜱寄生	二者均表现瘙痒不安，不断喙啄羽毛、皮肤，消瘦，产蛋率下降	鹅体蜱寄生的病原为蜱，在蜱吸血时可找到蜱，而吸血后即离开鹅体，在墙缝中可找到蜱
鹅体螨寄生	二者均表现瘙痒不安，不断喙啄羽毛、皮肤，消瘦，产蛋率下降	鹅体螨寄生的病原为螨，可在木柱、屋顶、支架缝隙中找到红色或黑色的小圆点（刺皮螨）

预防措施

1）在鹅虱流行的养鹅场，栏舍、饲槽、饮水槽等用具应彻底消毒。

2）对新引进的种鹅要加强检疫，如发现有鹅虱寄生，应先隔离治疗，愈后才能混群饲养。

治疗方法

（1）喷涂法

①用0.2%敌百虫于夜间喷洒鹅体表羽毛，夜间虱出来活动粘上药物后中毒死亡。

同时对鹅舍墙壁、地面及一切用具用药物喷洒，使虱无藏身之地。

②用 3%~5% 硫黄粉喷涂羽毛效果也好。

③烟草 1 份、水 20 份，煎煮 1 小时，晾温后于暖日涂洗鹅身。同时，对鹅舍各处也要做 1 次彻底的杀虫工作，方可根治。

（2）药浴法

①取 2.5% 的敌杀死（溴氰菊酯）20 毫升加水 10 升，配成药液，将此药液喷洒在鹅体表羽毛上，或将鹅浸入药液即可杀灭羽虱，但鹅头要露出水面，浸 1~2 秒钟即出。

②取氟化钠 1 份、清水 99 份，配成 1% 氟化钠溶液，将鹅浸入药液几秒钟即提出，以羽毛浸湿为宜。

③取精致敌百虫 0.5 份、温水 99.5 份，将鹅浸入药液内几秒钟，取出沥干多余药液。

以上几种药浴法杀虱效果好，但对虱卵无效，需 10 天后再重复 1 次，以杀死孵出的幼虱。

二十、鹅螨

螨是一种体外寄生虫，常见的有刺皮螨和新勋恙螨。它们除主要寄生在鹅体外，鸡、鸭、火鸡及许多野禽也能感染螨病。螨寄生在鹅体，能引起病鹅奇痒、贫血，产蛋减少，对鹅群危害性较大。

（1）刺皮螨 又称红螨，虫体呈长椭圆形，后部略宽，呈浅红色或棕灰色，视吸血的多少而异（图 4-41）。雌虫体长 0.7~0.75 毫米，宽 0.4 毫米（吸饱血后可达 1.5 毫米）；雄虫体长 0.6 毫米，宽 0.32 毫米。假头（螨的颚体）长，有 1 对螯肢，呈细长针状，以此刺破皮肤吸取血液；足很长，有吸盘。雌虫肛板较小，雄虫的肛板较大。刺皮螨属不完全交态的节肢动物，其生活史包括卵期、幼虫期、2 个若虫期和成虫期。雌虫吸饱血后，回到鹅舍的墙缝内或碎屑中产卵，每次产 10 多个。在 20~25℃ 条件下，卵经 2~3 天孵化成幼虫。经几次蜕皮后，由若虫变成成虫。刺皮螨通常在夜间爬到鹅体上吸血，白天隐匿在鹅巢中。

图 4-41 刺皮螨

（2）**新勋恙螨** 又称奇棒恙螨，成虫呈乳白色，体长约 1 毫米。其幼虫很小，用肉眼不易看见，饱食呈橘黄色，大小为 0.421 毫米 × 0.321 毫米，分头胸部和腹部，有 3 对足；背板上有 5 根刚毛（图 4-42）。成虫生活在潮湿的草地上，只有幼虫营寄生生活。雌虫受精产卵于泥土上，约经两周时间孵出幼虫。幼虫遇鹅（主要寄生在鸡体）便爬至鹅体上，刺吸体液和血液。饱食时间快者 1 天，慢者 30 余天，在鹅体上寄生 5 周以上，幼虫饱食后落地，经数天发育，经若虫至成虫。

图 4-42　新勋恙螨

临床症状

当虫体大量寄生时，受刺皮螨严重侵袭的鹅，日渐衰弱，贫血；产蛋率下降。雏鹅因失血过多，可导致死亡。此虫还可传播霍乱等病。受新勋恙螨侵袭的鹅，其患部奇痒，出现痘疹状病灶，周围隆起，中间凹陷呈痘脐形，中央可见 1 个小红点，即新勋恙螨幼虫。鹅腹部和翅下布满此种痘疹状病灶。病鹅贫血，消瘦，垂头，食欲废绝，严重者可死亡。

类症鉴别

病名	与鹅体螨寄生的相似点	与鹅体螨寄生的不同点
鹅体虱寄生	二者均表现瘙痒不安，不断喙啄羽毛、皮肤，消瘦，产蛋率下降	鹅体虱寄生的病原为虱，拨开羽毛可见虱缓慢爬动
鹅体蚤寄生	二者均表现瘙痒不安，不断喙啄羽毛、皮肤，消瘦，产蛋率下降	鹅体蚤寄生的病原为蚤，若鹅体有蚤寄生，拨开鹅体羽毛可见蚤迅速逃跑
鹅体蜱寄生	二者均表现瘙痒不安，不断喙啄羽毛、皮肤，消瘦，产蛋率下降	鹅体蜱寄生的病原为蜱，在蜱吸血时可找到蜱，而吸血后即离开鹅体，在墙缝中可找到蜱

预防措施

平时搞好环境卫生；鹅舍内部及一切饲养用具，必须定期彻底清洗消毒。

治疗方法

1）伊维菌素，按每千克体重 0.2 毫克，1 次皮下注射。

2）用 0.1% 乐杀螨溶液、70% 的酒精、2%~5% 碘酊或 5% 硫黄软膏涂擦患部，1 周后重复 1 次。

3）用 10% 克辽林溶液药浴。

4）用 0.5% 敌百虫溶液、0.03% 蝇毒磷水乳剂或 0.3% 杀灭菊酯等药物喷洒或涂刷栖架、墙壁等一切可能藏有虫体的地方。

5）污染的垫草可烧掉，其他一切饲养用具用沸水烫，再在阳光下曝晒，彻底杀死虫体。

第五章

鹅营养代谢病的鉴别诊断与防治

05

一、鹅维生素 A 缺乏症

鹅维生素 A 缺乏症主要是由于饲料中缺乏维生素 A 所引起的一种营养代谢疾病。主要临床特征为病鹅生长发育不良，黏膜损害，上皮角化不全，视觉障碍，种鹅的产蛋率、孵化率下降，胚胎畸形等。不同品种和日龄的鹅均可发生，但临床上以 1 周龄左右雏鹅多见，主要发生在冬季和早春季节。

**病因
分析**

鹅维生素 A 缺乏症的发病原因主要有以下几方面。

1）饲料单一，长期使用谷物、油饼、糠麸、糟渣、马铃薯等胡萝卜素含量低的饲料。

2）饲料中维生素 A 添加剂的添加量不足或其质量低劣。

3）饲料中维生素 A 和胡萝卜素被破坏。饲料长期存放、发热、霉败、酸败、日光曝晒及饲料中缺乏抗氧化剂（如维生素 E）等都能引起维生素 A 和胡萝卜素的破坏、分解。

4）鹅长期患病，如慢性消化道疾病、消化道有寄生虫寄生及肝脏疾病，可引起维生素 A 吸收不足；胃肠道的疾病可阻碍维生素 A 的吸收。

5）饲料中蛋白质水平过低，维生素 A 在鹅体内不能正常移送，即使供给充足也不能很好发挥作用。

6）饲料中存在维生素 A 的拮抗物，如氯化萘等，影响维生素 A 的吸收和利用。

7）种鹅缺乏维生素 A，其所产的种蛋及勉强孵出的雏鹅也缺乏维生素 A。这是雏鹅易患维生素 A 缺乏症的主要原因。

病雏鹅生长发育严重受阻，增重缓慢甚至停止。精神倦怠，衰弱，消瘦，羽毛蓬乱，鼻孔流出黏稠的鼻液，常因干酪样物堵塞鼻腔而张口呼吸。病雏鹅运动无力，行走蹒跚，出现两腿不能配合的步态，继而发生轻瘫甚至完全瘫痪；喙部和小腿部的黄色素褪色变浅。典型症状是眼睛流出牛乳状的渗出物，上下眼睑被渗出物粘住，眼结膜混浊不透明（图 5-1）。病情严重时，病鹅眼内蓄积大块白色的干酪样物质，眼角膜甚至发生软化和穿孔，最后造成病鹅失明。一般情况下，成年鹅维生素 A 缺乏时，精神委顿，身体瘦弱，走路不稳，羽毛松乱，喙和小腿部皮肤黄色消失，脚蹼底部粗糙（图 5-2），运动无力，如果不及时进行治疗，死亡率较高。种鹅维生素 A 缺乏时，除出现上述眼睛的病变外，产蛋率显著下降，蛋黄颜色变浅，出雏率下降，死胚率增加，脚蹼、喙部的黄色变浅，甚至完全消失而呈苍白色。此外，种公鹅性机能衰退。

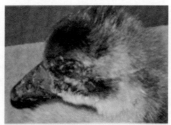 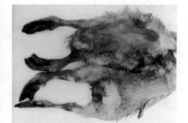

图 5-1　病鹅眼有牛乳状的渗出物，上下眼睑黏合在一起　　图 5-2　病鹅脚蹼底部粗糙

剖检可见鼻道、口腔、咽、食管以至嗉囊的黏膜表面有一种黄白色的小痂状结节（图 5-3），肉眼不易发现，数量很多，结节不易剥落，随着病情的发展，结节病灶增大，并融合成一层灰黄白色的伪膜覆盖在黏膜表面，剥落后不出血。病雏鹅常见伪膜呈索状与食道黏膜纵皱褶平行，轻轻刮去伪膜，可见黏膜变薄、光滑、呈苍白色。在

食道黏膜小溃疡病灶周围及表面有炎性渗出物。肾脏呈灰白色，并有纤细白绒样网状物覆盖，肾小管充满白色尿酸盐。输尿管极度扩张，管内蓄积白色尿酸盐沉淀物（图5-4）。心脏、肝脏、脾脏表面均有尿酸盐沉积。

图 5-3　病鹅食道黏膜表面有黄白色结节

图 5-4　病鹅输尿管中有白色尿酸盐沉积

病名	与鹅维生素A缺乏症的相似点	与鹅维生素A缺乏症的不同点
鹅痘（白喉型）	二者均表现精神萎靡，消瘦，口腔有黄白色结节且覆有白色伪膜，揭去伪膜有溃疡	鹅痘有传染性，其病原为痘病毒；病鹅吞咽、呼吸均困难，并发出"嘎嘎"声；病料接种于9~12日龄鸡胚、绒毛尿囊膜上，4~5天后可见痘斑病灶
鹅痛风	二者均表现消瘦，冠苍白，步态不稳，产蛋率下降；肝脏、脾脏、心包表面有尿酸盐	鹅痛风是日粮中蛋白质太多而造成尿酸血症；病鹅不由自主排白色半黏液状稀粪，血中尿酸水平增高达10~15毫克/千克（正常为1.5~3.0毫克/千克），关节肿胀、蹲坐或独肢站立，行动迟缓，跛行；剖检可见脑膜、腹膜、肺、心包、肝脏、脾脏、肾脏、肠系膜有一层半透明薄膜或白色结晶，关节也有结晶
鹅脑脊髓炎	二者均表现精神委顿，羽毛蓬乱，生长缓慢，运动失调，走路不稳	鹅脑脊髓炎的病原为禽脑脊髓炎病毒；病鹅部分晶体混浊，眼球增大，驱赶时以跗关节走路并拍打翅膀；剖检可见脑膜充血、出血，肌胃、肌层有散在灰白区；用荧光抗体技术（FA）检查，阳性鹅的组织中可见黄绿色荧光

1）平时应加强饲养管理，保证供给充足的维生素 A，消除可能导致其缺乏的各种原因。

2）维生素制品不宜贮存过久，以免失效。炎热季节添加维生素 A 的饲料不能存放时间过久，并避免阳光曝晒。

发生维生素 A 缺乏时，可在每千克饲料中补充 1000~1500 国际单位的维生素 A，也可在饲料中加入鱼肝油，按每千克饲料中加 2~4 毫升，连喂 10~15 天即可奏效。个别病例治疗时，雏鹅可以肌内注射 0.5 毫升鱼肝油。成年母鹅每天喂鱼肝油 1~1.5 毫升，分 3 次喂。另外，鹅眼病用 3% 硼酸水冲洗，并涂以抗生素软膏。面部肿胀涂擦碘甘油。

二、鹅维生素 D 缺乏症

鹅维生素 D 缺乏症是由于维生素 D 缺乏所引起的一种营养代谢病。主要特征为病鹅生长发育迟缓，骨骼柔软、弯曲、变形，运动障碍，产蛋母鹅产出薄壳蛋、软壳蛋。

鹅的维生素 D 缺乏症主要见于舍内养鹅和雏鹅，致病因素主要有以下几个方面。

1）舍内养鹅得不到日光浴，鹅体内不能自身合成维生素 D_3。

2）饲料中维生素 D 添加剂的添加量不足或其质量低劣。

3）饲料中添加过多的硫酸锰，影响维生素 D 的利用。

4）某些药物（磺胺类）、霉菌毒素或化学药物、重金属对肝脏、肾脏造成损伤时，可以使维生素 D_3 的合成发生障碍，或对体内的维生素 D_3 有破坏作用。

5）长期患病，如慢性消化道疾病、消化道有寄生虫寄生及肝脏疾病，可引起维生素 D_3 吸收不足；胃肠道疾病可阻碍维生素 D 的吸收。

6）种鹅缺乏维生素 D，其所产的种蛋及勉强孵出的雏鹅也都缺乏维生素 D，这是雏鹅易患维生素 D 缺乏症的主要原因。

雏鹅缺乏维生素 D 时，常在出壳后 10~11 天出现症状，若饲养管理不能及时改善，则病情逐渐增重，一般在 1 月龄时，死亡严重。

病雏鹅最早的症状是生长停滞，两腿无力，行走极其困难，步态不稳，左摇右摆，严重者不能站立，瘫痪，腿伸向两侧（图 5-5）。鹅喙变软或弯曲变形，导致啄食不便。由于钙化不良和软骨过度生长，造成关节肿大，尤以跗关节和肋骨关节更为显著（图 5-6）。严重病例触摸龙骨，可见龙骨呈"S"状弯曲。产蛋母鹅通常要在缺乏维生素 D 2~3 个月才出现症状；最初发现产薄壳蛋或软壳蛋的数量增加，随之产蛋率下降，孵化率降低，最后产蛋完全停止；喙及胸骨变软，两腿软弱无力，常呈蹲伏姿势。

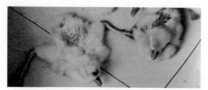

图 5-5　病鹅瘫痪，腿伸向两侧　　　　图 5-6　病鹅跗关节肿大，瘫痪，以跗关节
着地

　　本病最具特征的变化是肋骨与脊椎结合部、肋骨与肋软骨结合部软骨增生，肋骨的内侧表面有局限性肿大，形成白色凸起的珠球状结节（图 5-7、图 5-8）。有些病例，在肋骨的同一水平位置上都有成串的珠球状结节，俗称"肋骨串珠"。在这种珠球状结节处，常发生自然性骨折，肋骨向后或向下弯曲。长骨（腔骨和股骨）的骨质钙化不良、变脆，严重病例的腔骨变软、易弯曲，但不易折断。

　　成年鹅的喙、胸骨变软，肋骨与脊椎结合处内陷，所有肋骨沿胸廓呈向内弧形的特征。

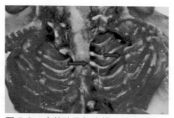

图 5-7　病鹅肋骨与肋软骨结合处软骨增生　　图 5-8　病鹅肋骨与脊椎、肋骨与肋软
骨结合处软骨增生

病名	与鹅维生素 D 缺乏症的相似点	与鹅维生素 D 缺乏症的不同点
鹅锰缺乏症	二者均表现生长迟缓，行走吃力、常以跗关节着地	鹅锰缺乏症的病因是日粮中锰缺乏；病鹅骨粗短，腓肠肌肌腱脱出骨槽，胚胎体躯短小，腿粗短，头呈圆球样，喙短
鹅钙、磷缺乏症	二者均表现雏鹅喙、爪较软，行走吃力，成年鹅产蛋、孵化率降低，产软壳蛋、薄壳蛋；骨易折断，肋骨呈串珠状，胸骨弯曲	鹅钙、磷缺乏症的病因是日粮中钙、磷缺乏和比例失调；雏鹅跗关节肿大，关节面软骨肿胀和缺损，或有纤维素样物附着

病名	与鹅维生素 D 缺乏症的相似点	与鹅维生素 D 缺乏症的不同点
鹅病毒性关节炎	二者均表现关节肿大，跛行，少数关节不能活动，生长受阻，产蛋率下降	鹅病毒性关节炎的病原为呼肠孤病毒，有传染性；病鹅不愿活动，喜坐跗关节上，常单脚跳；剖检可见跗关节周围肿胀，滑膜囊有出血点，关节腔内有黄色或血色渗出物（慢性干酪样）；酶联免疫吸附试验双抗体夹心法测试敏感
鹅滑液囊支原体感染	二者均表现跗关节肿大，不能站立，跛行	鹅滑液囊支原体感染的病原为支原体，有传染性；病鹅关节有热痛，如果呼吸型还有喷嚏、咳嗽、流鼻液；用商品化的血清平板凝集反应可确诊
鹅胆碱缺乏症	二者均表现生长停滞，腿关节肿胀，运动无力，产蛋率和孵化率下降	鹅胆碱缺乏症的病因是胆碱缺乏；病鹅骨粗短，关节肿胀、有针尖状出血；剖检可见肝脏肿大、色黄、质脆，表面有出血点，肝脏易破裂，腹腔有凝血块
鹅痛风	二者均表现关节肿大，跛行，生长缓慢，有的拉稀	鹅痛风是日粮中蛋白质过高而引起的尿酸血症；病鹅消瘦，冠苍白，排白色稀粪且含有大量的尿酸和尿酸盐，关节初软而痛，后变硬微痛，形成豌豆大的结节并破裂排出干酪样物；剖检可见内脏表面有尿酸盐薄膜

预防措施

1）平时要根据不同的饲养方式，注意合理配合饲料，并注意饲料中钙、磷的供给和比例搭配，尤以舍饲鹅更为重要。

2）注意提供鹅的日照时间；阴雨季节补充富含维生素 D 的饲料。

3）为了防止雏鹅维生素 D 缺乏症的发生，可在母鹅日粮中补充富含维生素 D 的饲料，较长时间的阴天所产的蛋不宜用来孵化。

治疗方法

对雏鹅佝偻病的治疗，可 1 次饲喂 15000 国际单位维生素 D_3，其效果要比在饲料中添加大量维生素 D 更快。也可喂维生素 AD 液或浓鱼肝油 2~3 滴，每天 1~2 次，2 天为一个疗程。对种母鹅进行治疗时，应注意饲料中的钙、磷含量及钙、磷搭配的比例。对病鹅应分群隔离饲养，防止挤压造成死亡。

三、鹅维生素 E、硒缺乏症

鹅维生素 E、硒缺乏症是由于维生素 E、硒缺乏所引起的一种营养代谢病。其主要临床特征为渗出性素质、脑软化、白肌病等。不同品种和日龄的鹅均可发生。但在临床上多见 1~6 周龄的雏鹅发病。

病因分析

引起鹅维生素 E、硒缺乏症的因素大致有以下几个方面。

1）饲料中缺乏充足的维生素 E，或配合饲料中未添加维生素 E 制剂。维生素 E 主要存在于植物油、谷物胚芽及青绿饲料中，米糠、大麦、小麦中也含有一定量维生素 E，豆饼、鱼粉中次之。

2）饲料保存或加工不当，发生了酸败变质，使维生素 E 被大量破坏时，容易发生维生素 E 缺乏症。例如，籽实类饲料保存 6 个月，维生素 E 可损失 30%~50%。混合料中其他成分也会破坏维生素 E，如某些矿物质、不饱和脂肪酸和饲料酵母等。

3）球虫病及其他慢性胃、肠道疾病，可使维生素 E 的吸收利用率降低而导致缺乏。

4）地方性缺硒或饲料中的玉米来源于缺硒地区。

5）环境中镉、汞、铜、钼等金属元素与硒之间有拮抗作用，可干扰硒的吸收利用。饲料中缺乏微量元素硒时，维生素 E 的需要量增加，若补偿不足，则会引起维生素 E 缺乏症。

6）种鹅缺乏维生素 E，其所产的种蛋及勉强孵出的雏鹅也都缺乏维生素 E。

症状与病变

成年鹅缺乏维生素 E 时一般不表现明显症状，产蛋鹅仍然继续产蛋，产蛋率也基本正常；公鹅往往睾丸缩小，表现为性欲不强，精液中精子数目减少，甚至无精子；种蛋的受精率和孵化率都降低，孵化的胚胎死亡较多。雏鹅维生素 E 缺乏时，主要表现为脑软化症、渗出性素质病和白肌病 3 种类型。

（1）脑软化症 常见于 15~30 日龄的雏鹅。特征性症状为运动共济失调，头向后方或下方弯曲，有时是向一侧弯曲，两腿呈现有节律性的痉挛。有时翅膀或腿发生麻痹，瘫痪，最后衰竭死亡（图 5-9）。

图 5-9 病鹅瘫痪

雏鹅出现脑软化症状后立即宰杀，可见到小脑表面轻度出血和水肿，脑回展平，小脑柔软而肿胀，脑组织中的坏死区呈黄绿色混浊样。在纹状体中，坏死组织常呈苍白、肿胀而湿润，在早期即与其余的正常组织有明显的界线。脑膜、小脑与大脑的血管明显充血、水肿。

（2）渗出性素质病 多发生于 20~30 日龄雏鹅，特征性症状为颈、胸和皮下组织发生水肿（这是毛细血管壁的通透性增高的结果，所以称作渗出性素质病）。严重病例其胸会发生浮肿、呈紫红色或者灰绿色，因为腹部皮下蓄积了大量液体，所以病鹅站立时两腿叉开。皮下可见有大量浅蓝绿色的黏性液体，这是水肿液里含有血液成分所致。剖开体腔，有心包积液、心脏扩张等病变（图 5-10）。

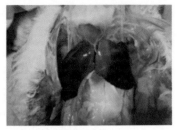

图 5-10　病鹅心包积液

（3）白肌病（肌营养不良） 多发于 4 周龄左右的雏鹅。缺乏维生素 E，同时伴有含硫氨基酸缺乏时，可发生肌营养不良。特征性症状为胸肌出现灰白色的条纹。雏鹅的维生素 E 缺乏，可见全身的骨骼肌（特别是胸部和腿部肌肉）发生肌营养不良。肌肉的色泽苍白，贫血，胸肌和腿肌出现灰白色条纹。表现为全身衰弱，运动失调，无法站立。可造成大批雏鹅死亡。

类症鉴别

病名	与鹅维生素 E、硒缺乏症的相似点	与鹅维生素 E、硒缺乏症的不同点
鹅脑脊髓炎	二者均表现精神沉郁，共济失调，行走不便，不能站立；成年鹅产蛋率、孵化率下降；脑膜充血、出血	鹅脑脊髓炎的病原为脑脊髓炎病毒（AEV），具有传染性；暴发时，雏鹅出壳后即陆续发病，3 天后出现麻痹，头颈部震颤，部分存活鹅一侧或两侧晶体混浊或呈浅蓝色、失明；剖检可见肌胃、肌层中有散在灰白区，中枢神经元变性，胶质细胞增生，并出现血管套现象；用荧光抗体技术（FA）检查，阳性鹅的组织中可见黄绿色荧光
鹅葡萄球菌病	二者均表现关节肿大，跛行，仍有食欲，不喜站立	鹅葡萄球菌病的病原为葡萄球菌；病鹅趾跖关节多呈紫红色或紫黑色，有破溃结痂；剖检可见关节炎有纤维素性渗出物，后变为干酪样坏死；用关节液、渗出物涂片镜检可见葡萄球菌
肉鹅腹水综合征	二者均表现精神沉郁，生长停滞，喜躺卧，起立困难，腹部肿大，运步艰难；皮下瘀血，心脏扩张，心包积液	肉鹅腹水综合征的病因是缺氧、寒冷、喂高脂高能高蛋白质的饲料；病鹅典型症状是腹部膨大，腹部皮肤变薄、变亮，针刺腹壁流出黄色或浅红色液体；剖检可见腹腔有大量液体，并有纤维素或絮状物，肝脏肿大、呈紫红色、表面有灰白色或浅黄色胶冻样物

预防措施

1）加强饲养管理，提高其抗病力，并在饲料中适当添加维生素 E 和微量元素添加剂，每只每天 0.05~0.1 毫克维生素 E 均匀混于饲料中，连用 15 天，具有良好的预防效果。同时要注意饲料的保管、贮存。

2）添加植物油或维生素 E，在饲料中混入 0.5% 的植物油和适量的维生素 E，具有预防和治疗作用。同时注意饲料配合，多喂些新鲜的青绿饲料和谷类，可预防本病的发生。

治疗方法

1）雏鹅发生脑软化症，每只可喂服维生素 E 300 国际单位，或皮下注射维生素 E 0.1 毫升，每天 1 次，连用 15 天，治愈率高。

2）发生渗出性素质和白肌病可在饲料中添加维生素 E 和硒，每千克饲料添加维生素 E 20 国际单位（或植物油 5 克、亚硒酸钠 0.2~0.3 毫克、蛋氨酸 2~3 克），连用 2~4 周。成年鹅发生维生素 E 缺乏时，可在每千克饲料中均匀添加维生素 E 10~20 国际单位，或植物油 5 克，或大麦芽 30~50 克，连用 2~4 周，并酌情喂青绿饲料。

四、鹅维生素 B₁ 缺乏症

鹅维生素 B_1 缺乏症是由于维生素 B_1 缺乏所引起的一种营养代谢病。其主要临床特征为病鹅呈多发性神经炎，两脚朝天或侧卧，并同时做游泳状摆动，表现"观星"态。

病因分析

引起鹅维生素 B_1 缺乏症的因素大致有以下几个方面。

1）饲料贮存不当，贮存时间过长，尤其饲料发生霉变时，维生素 B_1 损失较多。

2）混合饲料中存在拮抗物质，或添加了某些碱性物质、防腐剂等，对维生素 B_1 均有破坏作用。当 pH7、100℃加热 7 小时后，90% 的维生素 B_1 可被破坏。当 pH9、100℃加热 15 分钟后，维生素 B_1 全部失去活性。

3）禽类发生消化道疾病时，影响饲料采食量及消化、吸收作用，也是造成维生素 B_1 缺乏的原因。

4）豆类中存在的抗硫胺素物质，也可以引起鹅维生素 B_1 的缺乏。

临床症状

鹅病初精神沉郁，羽毛松乱，食欲减退。随着病情的发展，表现脚软、乏力、不愿走动。或强迫其行走时，身体失去平衡，常跌撞几步后即蹲下，或跌倒于地上，两脚朝天或侧卧，并同时做游泳状摆动、挣扎，但无力翻身站立（图 5-11）。有些病雏头偏向一侧或向后扭转或抬头呈"观星"状（图 5-12），或突然跳起，打转，奔跑乱跳，这种神经症状常为阵发性发作，但一次比一次严重，最后抽搐倒地死亡。

图 5-11　病鹅腿、翅麻痹，不能站立　　图 5-12　病鹅两腿叉开，无法站立，扭颈，呈"观星"状

有些病雏在游泳时，常因颈肌突然麻痹，头颈向背后弯曲，不断在水中打转或突然翻转而死亡。每次发作一般历时几分钟，一天发作几次，病情一天比一天严重，最后衰竭死亡。

成年鹅缺乏维生素 B_1 时，没有明显的症状。可见产蛋率下降，死胚增加，孵化率也明显降低。

病理变化

剖检可见皮下脂肪呈胶冻样浸润；胃、肠管黏膜有炎症，十二指肠溃疡，胃肠壁萎缩；心脏轻度萎缩，右心室扩张；肾上腺肥大，母鹅比公鹅明显，肾上腺皮质部的肥大比髓质部明显；生殖器官萎缩，睾丸比卵巢的萎缩更明显。

类症鉴别

病名	与鹅维生素 B_1 缺乏症的相似点	与鹅维生素 B_1 缺乏症的不同点
鹅李氏杆菌病	二者均表现羽毛松乱，食欲减退，两肢无力，行动不稳，仰头，两翅下垂，有的乱闯	鹅李氏杆菌病的病原为李氏杆菌，具有传染性；病鹅离群呆立，下痢，冠髯发绀，皮肤暗紫，腿部阵发抽搐；剖检可见脑膜明显充血，心肌有坏死，心包积液，肝脏肿大、呈土黄色、有紫血斑和白色坏死，脾脏肿大、呈紫黑色，腺胃、肌胃黏膜脱落；血检可见排列"V"形革兰阳性小杆菌
鹅脑脊髓炎	二者均表现羽毛松乱，共济失调，步态不稳，翅、腿麻痹	鹅脑脊髓炎的病原为脑脊髓炎病毒，具有传染性；病鹅表现迟钝，走几步即蹲下，常以跗关节着地，驱赶走路时用跗关节着地和拍打翅膀，部分晶体混浊或眼球凸出、失明；剖检可见脑膜充血、出血，肌胃肌层有散在灰白区；用荧光抗体技术（FA）检查，阳性鹅的组织中可见黄绿色荧光
鹅维生素 B_2 缺乏症	二者均表现行走困难，趾、腿麻痹不能行走，生长不良，消瘦	鹅维生素 B_2 缺乏症的病因是日粮中维生素 B_2 缺乏；雏鹅 1~2 周龄腹泻，食欲良好，足趾向内弯曲，以跗关节着地，张开翅膀以保持平衡，随后两腿瘫痪，皮肤干而粗糙，成年鹅瘫痪；孵化率下降，胎胚有结节状绒毛，颈部弯曲，躯体短小，关节水肿，贫血

病名	与鹅维生素 B_1 缺乏症的相似点	与鹅维生素 B_1 缺乏症的不同点
鹅呋喃类药物中毒	二者均表现运动失调，搐搦，强直痉挛，角弓反张	鹅呋喃类药物中毒的病因是服用呋喃类药物过量；病雏鹅兴奋鸣叫，头颈反转，做圆圈运动；成年鹅点头颤动，鸣叫，做转圈运动；剖检可见口腔充满泡沫，嗉囊扩张，有轻度出血性胃肠炎，肠内充满黄色内容物
鹅黄曲霉毒素中毒	二者均表现精神沉郁，食欲减退，羽毛松乱，消瘦，贫血，运动失调，两脚麻痹，角弓反张	鹅黄曲霉毒素中毒的病因是鹅吃了黄曲霉污染的饲料；病鹅排血便，冠髯苍白，成年鹅产蛋率和孵化率均下降；剖检可见肝脏肿大，呈橘黄色或土黄色，弥漫性出血和坏死，时间长可出现肝细胞瘤或胆管癌；用紫外线照射可见到亮黄绿色荧光（G 族毒素）或蓝紫色荧光（B 族毒素）

预防措施

1）注意在母鹅的日粮中搭配含维生素 B_1 丰富的饲料，如新鲜的青绿饲料、酵母粉及糠麸等，对防止本病的发生有明显的作用。

2）由于在碱性条件下，维生素 B_1 遇热极不稳定，因此在饲料中不应含有过量的碱性盐类，以防止产生碱性反应而破坏维生素 B_1。

3）在雏鹅出壳干身后，逐只滴喂复合维生素 B_1 溶液 1~2 毫升。

4）谷物饲料应妥善保存，防止因水浸、霉变等因素破坏维生素 B_1。

治疗方法

1）出现维生素 B_1 缺乏症的鹅群，可在每千克饲料中加入 10~20 毫克维生素 B_1 粉剂，连用 7~10 天，可以获得满意的效果。

2）在饮水中添加复合维生素 B 溶液，或每 1000 只雏鹅在饲料中添加复合维生素 B 溶液 250 毫升，每天 2 次，连用 2~3 天。

3）个别病鹅可采用下列方法治疗。

①肌内注射维生素 B_1，每只 0.5 毫升，见效甚快。

②灌服复合维生素 B 溶液，每只 0.5~1.0 毫升，每天 2 次，1~3 天后症状可消失。

五、鹅维生素 B_2 缺乏症

鹅维生素 B_2 缺乏症是由于维生素 B_2 缺乏所引起的一种营养代谢病。其主要临床特征为病鹅羽毛粗乱，有的腹泻，脚趾向内弯曲，两腿不能站立，以飞节着地。

引起鹅维生素 B_2 缺乏症的因素大致有以下几个方面。

1）鹅由于体内不能贮存大量的维生素 B_2，所需要的维生素 B_2 主要靠饲料中的核黄素来补给。鹅对维生素 B_2 的需要量大于维生素 B_1，而在谷类籽实和糠麸中的维生素 B_2 的含量又低于维生素 B_1，故必须靠添加剂补充。如由于某种原因，鹅得不到足够的维生素 B_2，就容易产生缺乏症。

2）有时虽然在饲料中添加了足量的维生素 B_2，但由于饲料中含有某些碱性的药物或饲料发霉变质，维生素 B_2 就易受到破坏；或饲料贮存时间较长，维生素 B_2 的损失就更严重，从而造成缺乏症的发生。

3）鹅体患有胃肠病或寄生虫病时，会影响鹅的采食、消化、吸收，也可能引起维生素 B_2 的缺乏。

雏鹅维生素 B_2 缺乏症，一般发生在 2 周龄至 1 月龄之间。病鹅生长缓慢，衰弱、消瘦，羽毛粗乱，有的腹泻。特征性的症状是脚趾向内弯曲（图 5-13），两腿不能站立，以飞节着地，当勉强以飞节移动时，常展翅以维持身体平衡。食欲正常，但行走困难吃不到食物，最后衰弱死亡或被其他鹅踩死。成年鹅缺乏维生素 B_2 时，产蛋减少，种蛋孵化率低，胚胎出现"侏儒"、水肿等异常现象，死胎数增加。

剖检病死雏或重病雏可见皮下水肿，坐骨神经和臂神经肿大、变软（图 5-14），胃肠壁很薄，肠内有大量泡沫状内容物，肝脏较大而柔软，含脂肪较多。

 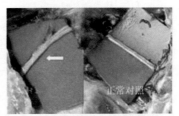

图 5-13　病鹅脚趾向内弯曲　　图 5-14　病鹅坐骨神经肿胀、增粗

病名	与鹅维生素 B_2 缺乏症的相似点	与鹅维生素 B_2 缺乏症的不同点
鹅脑脊髓炎	二者均表现不愿走路，常以跗关节着地，趾关节蜷曲，腿麻痹，生长受阻，较瘦	鹅脑脊髓炎的病原为鹅脑脊髓炎病毒；病鹅头颈部震颤，驱赶时以跗关节走路和拍翅膀，一侧或两侧晶体混浊，眼球增大，失明；剖检可见脑膜充血、出血，肌胃肌层有散在的灰白区；用荧光抗体技术（FA）检查，阳性鹅的组织中可见黄绿色荧光

病名	与鹅维生素 B_2 缺乏症的相似点	与鹅维生素 B_2 缺乏症的不同点
鹅维生素 B_1 缺乏症	二者均表现行走困难，趾、腿麻痹，生长不良，消瘦	鹅维生素 B_1 缺乏症的病因是维生素 B_1 缺乏；病鹅食欲减退，贫血，趾屈肌麻痹，而后向腿肢延伸，角弓反张如"观星"状，体温下降
鹅锰缺乏症	二者均表现生长缓慢，不能行走，以跗关节着地，产蛋率下降，胚胎、体躯短小	鹅锰缺乏症的病因是锰缺乏；病鹅胫骨下端、跖骨上端弯曲扭转，腓肠肌肌腱脱出骨槽，胚胎、翅短，腿粗短，头呈圆球形，喙短、弯曲似鹦鹉嘴

防治措施 饲料配合量要充足，酵母、鱼粉、糠麸等贮存环境要避开热和碱性环境，发病后注射或口服维生素 B_2 制剂，雏鹅每只 1~2 毫克，成年鹅每只 5~6 毫克，每天 1 次，连用 3 天。

六、鹅维生素 B_3 缺乏症

鹅维生素 B_3 缺乏症是由于维生素 B_3 缺乏所引起的一种营养代谢病。临床特征为患病鹅表现羽毛蓬乱、无光泽，下痢，皮炎，飞节肿大，屈腿、软脚等。

病因分析 维生素 B_3 又称烟酸、尼克酸或维生素 PP，是机体辅酶 I 和辅酶 II 的组成成分，参与糖、蛋白质和脂肪的氧化分解代谢。长期饲喂玉米、块根类饲料，因它们所含维生素 B_3 较低，可引起机体缺乏症；另外，色氨酸是维生素 B_3 的前体物，可被动物用来合成维生素 B_3，因此，低蛋白质饲料尤其是低色氨酸饲料也可引发本病。

临床症状 患病鹅可表现为食欲减退，生长迟缓，羽毛蓬乱、无光泽，有时头顶羽毛脱落。眼流泪，眼睑结痂（图5-15），下痢，皮炎（图5-16），正常红细胞性贫血，飞节肿大，脚蹼皮肤皲裂、坏死（图5-17），屈腿、软脚。产蛋率和孵化率也下降。

图5-15 雏鹅有时头顶羽毛脱落，流泪，眼睑周围羽毛被污染、结痂　　图5-16 病鹅喙上皮发炎，角质脱落　　图5-17 雏鹅蹼底皮肤皲裂、坏死

长骨短粗，脱腱。口、舌及胃肠道黏膜发炎，口腔内常有脓样坏死性物质（图 5-18），有些病例可见肝脏肿大、呈污黄色或暗红色（图 5-19），脾脏稍萎缩。脊髓变性。

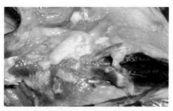
图 5-18　病鹅口腔内有脓样物质

图 5-19　病鹅肝脏肿大呈污黄色

病名	与鹅维生素 B_3 缺乏症的相似点	与鹅维生素 B_3 缺乏症的不同点
禽痘（皮肤型）	二者均表现腿部皮肤有小结节	禽痘的病原为禽痘病毒；在无毛或毛稀少的冠髯、眼睑、喙角、翅下、泄殖腔周围、腹部及腿部均出现灰白色结节，增至绿豆大，凹凸不平呈硬结节状；取痂皮、伪膜制成悬液接种易感鹅，接种 2~3 天后接种部位可见痘肿
鹅滑液囊支原体感染	二者均表现羽毛松乱，生长缓慢，关节发炎，下痢	鹅滑液囊支原体感染的病原为滑液囊支原体；病鹅关节有热痛，粪呈绿色、含有大量的尿酸盐，如兼呼吸型还有喷嚏、咳嗽、流鼻液等症状；剖检可见关节液由清亮变混浊至干酪样，严重时关节呈黄红色，关节软骨糜烂，用血清平板凝集反应可以测定

合理搭配日粮，多喂含维生素 B_3 丰富的青绿饲料、米糠、麸皮、花生饼、酵母及优质鱼粉等饲料，注意蛋白质及氨基酸（尤其是色氨酸）和其他维生素的添加。一般每千克饲料添加 30~60 毫克的维生素 B_3 即可很好地防治本病。

七、鹅钙、磷缺乏症

鹅钙、磷缺乏症是由于钙、磷元素缺乏或比例不当所引起的一种营养代谢病。本病以雏鹅骨骼发育异常，成年母鹅产软壳蛋和薄壳蛋等为特征。

引起鹅钙、磷缺乏症的因素大致有以下几个方面。

1）鹅所需的钙质主要来源于贝壳粉、骨粉、石粉、鱼粉等。如果长期单纯饲喂一些谷物饲料，或配合饲料中骨粉、鱼粉缺乏，再加上维生素 D 缺乏，往往会引起钙、磷缺乏症。

2）饲料中含磷过多或钙、磷比例不当或失调，也是影响钙、磷吸收的常见因素。当钙过量时，影响磷的吸收，会在肠道中形成不溶于水的磷酸钙而造成磷缺乏，磷过多也影响钙的吸收。两者中只要有一种吸收不足，就会影响骨盐的形成而引起骨骼发育异常，多吸收的部分不能被机体利用而排出体外。

3）饲料中缺乏维生素 D，可直接影响钙和磷的吸收。维生素 D 及其活性代谢产物是调节小肠钙、磷吸收的重要物质。当维生素 D 缺乏时，即使给鹅含钙、磷很高的饲料，钙、磷的吸收仍然甚微，因此，在这种情况下，如果饲料中钙、磷含量不足或两者比例不当，很容易引起骨骼代谢疾病。

4）胃肠道疾病或长期的消化紊乱，其吸收机能障碍，使钙、磷的吸收减少，导致缺乏。

5）饲料中含有过多的脂肪酸和草酸，可与钙结合成不溶性钙盐，影响钙的吸收。

雏鹅缺乏钙、磷表现精神沉郁，食欲减退，生长缓慢，颤抖，两腿发软，站立不稳，跛行，拱背，两脚向内并拢，嗜卧，严重者站立困难或卧地不起，无法站立；生长发育迟缓，骨骼发育不良，骨脆易折断，或变软易弯曲，尤其是腿骨，严重时两腿变形外展。雏鹅缺磷时发病突然且时间早，1 周龄即显症状，2 周龄全部发病，病初便出现站立困难和跛行，病程进展快，死亡率高达 65%；病鹅主要表现精神沉郁，食欲废绝，生长发育严重受阻，两腿变软，内外弯曲呈"（ ）"形，站立不稳，明显跛行，严重者站立困难，强行站立时两腿强直叉开呈"八"字形，或无法行走，驱赶时跗关节着地呈游泳状向前移行；嘴壳柔软，翅、腿部长骨质地变软，活动时即显弯曲，胫骨多呈半圆形；关节肿大，站立不稳，胸廓变形，与维生素 D 缺乏症相似（图 5-20）；后期病鹅卧地不起，瘫痪，双腿后伸，精神极度沉郁，逐渐消瘦衰竭死亡（图 5-21）。产蛋母鹅缺钙主要表现为产蛋减少，蛋壳变薄、易破，严重时产软壳蛋、无壳蛋，骨质变脆、易骨折。缺磷时的表现与钙缺乏相似。

图 5-20 病鹅腿无力，站立时以一侧腿　图 5-21 病鹅瘫痪，双腿后伸
支撑，减轻另一侧腿的压力

类症鉴别

见鹅维生素 D 缺乏症。

预防措施

1）加强饲养管理，调整饲料中营养成分的比例，注意添加鱼粉、骨粉、贝壳粉或石粉，以保证钙、磷的含量。应给以全价配合饲料，钙含量为 0.6%~0.8%。有效磷含量为 0.3%~0.35%，钙、磷比例约为 2∶1，并补充足够的维生素 D 和青绿饲料，这样不仅能满足鹅的生长发育，且能有效地预防因钙、磷缺乏或比例失调引起的佝偻病。

2）可在饲料中适当添加多维素，必要时酌情加入适量的鱼肝油；有条件的可让其多晒太阳，或用紫外线照射。

治疗方法

首先要明确鹅发生钙、磷缺乏症原因，分清是钙缺乏、磷缺乏还是比例失调，及时更换饲料或补充钙、磷和调整钙、磷比例。治疗时可用鱼肝油口服，每天 1~2 次，每次 2~3 滴，连用 2~3 天，或用鱼肝油按 0.5%~1% 剂量拌料口服。另外，雏鹅单纯性缺钙可口服维丁胶性钙治疗，每只鹅 0.3 毫升。

八、鹅锰缺乏症

鹅锰缺乏症是由于锰元素的缺乏而引起的一种营养代谢病。本病以骨短粗症为主要特征。

病因分析

引起鹅锰缺乏症的因素大致有以下几个方面。

1）鹅对锰的需要量较大，本病的发生主要是因饲料中锰缺乏而引起的。

2）饲料中玉米含锰量较低，有些地区的养鹅户，在母鹅停蛋阶段，习惯单饲玉米，必然会引起锰的缺乏。

3）饲料中磷、钙、铁、植酸盐含量过高，或比例不恰当，可影响机体对锰的吸收。

4）鹅对存在于饲料中的锰利用率较低。而锰的吸收及代谢与胆汁有很大的关系，因此，当肝功能出现异常时，鹅对锰的利用率就更低。

临床症状

患病雏鹅生长停滞，腿关节肿大，骨短粗症。跗关节增大，胫骨下端和跖骨上端弯曲扭转，使腓肠肌肌腱从跗关节的骨槽中滑出而呈脱腱症状。病鹅腿部变弯曲而无法站立，因无法采食而饿死（图5-22、图5-23）。

母鹅产蛋率下降，种蛋孵化率明显降低，当鹅胚孵化到28~30天时，死亡率增高，能孵出的雏鹅，表现神经机能障碍，运动失调，肢体短小，骨骼发育不良，翅短，腿短而粗。

图 5-22　病鹅腿弯曲变形

图 5-23　病鹅不能站立，将身体压在跗关节上

病理变化

病鹅肌肉组织和脂肪组织萎缩。跗趾关节肿大，多见跖骨与趾骨向内侧弯曲，管状骨明显变形，骨骺肥厚，骨板变薄，剖面可见骨质疏松，在骨骺端尤其显著。

类症鉴别

病名	与鹅锰缺乏症的相似点	与鹅锰缺乏症的不同点
鹅病毒性关节炎	二者均表现生长缓慢，跗关节肿大，关节不灵活，不愿走动，跛行，喜坐跗关节上	鹅病毒性关节炎的病原为呼肠孤病毒，有传染性；鹅病重时单脚跳；剖检可见关节腔内有黄色或血色渗出物、脓样或干酪样物，腓肠肌肌腱与周围组织粘连；酶联免疫吸附试验双抗体夹心法测试敏感
鹅钙、磷缺乏症	二者均表现生长迟滞，跗关节肿大，不愿走动，蛋的孵化率下降	鹅钙、磷缺乏症的病因是钙、磷缺乏和比例失调；雏鹅喙和爪易弯曲，肋骨末端呈串珠状小结节，成年鹅后期胸骨呈"S"状弯曲，肋骨失去硬度而变形；剖检可见骨变薄，骨髓腔变大；血磷低于正常水平，血钙在后期下降
鹅维生素D缺乏症	二者均表现生长迟缓，行走吃力，常以跗关节着地	鹅维生素D缺乏症的病因是维生素D缺乏，缺少阳光照射，2~3周龄发病；病鹅喙爪柔软，成年鹅龙骨变软，胸骨常弯曲，肋骨沿胸骨呈内向弧形；剖检可见骨质软、易折断

病名	与鹅锰缺乏症的相似点	与鹅锰缺乏症的不同点
鹅维生素 B_2 缺乏症	二者均表现生长缓慢，不能行走，以跗关节着地，蛋的孵化率低，胚胎表现体躯短小	鹅维生素 B_2 缺乏症的病因是维生素 B_2 缺乏；病鹅足趾向内蜷曲，常张开翅膀以求平衡，两腿瘫痪，胚胎有结节状绒毛，关节变形、水肿，贫血，即使孵化出雏鹅也先天麻痹、体小而浮肿
鹅胆碱缺乏症	二者均表现生长停滞，骨粗短，跗骨弯曲，跟腱滑脱，蛋的孵化率下降	鹅胆碱缺乏症的病因是胆碱缺乏；病鹅跗关节轻度水肿，并有小出血点，后期关节扁平、弯曲成弓；剖检可见肝脏色黄、质脆、有出血点，肝膜或肝脏有破裂并在腹腔有凝血块
鹅生物素缺乏症	二者均表现生长缓慢，骨粗短，孵化的胚胎表现骨骼粗短、翅短、腿短、喙弯曲如鹦鹉嘴	鹅生物素缺乏症的病因是生物素缺乏；病鹅羽毛干燥、变脆，趾爪、喙底、眼四周的皮肤发炎，第3、第4趾间的蹼延长

预防措施

1）由于鹅对锰的需求量很大，如以玉米、大麦为主食时，要特别搭配麸皮、米糠等富含锰的饲料，或添加锰制剂，使每千克饲料中锰的总量不低于 40 毫克，并及时调整钙、磷、铁的比例。

2）在产蛋季节，尤其要提高饲料中的锰含量。

治疗方法

1）当发现鹅缺锰时，每千克饲料应添加硫酸锰 0.1~0.2 克，或用 1：10000 的高锰酸钾溶液做饮用水（即配即用），连饮 3 天，停 2 天，再饮 2 天。

2）在 100 千克饲料中添加 12~24 克硫酸锰。同时添加青绿饲料和维生素 B_1，有利于锰在体内的贮留；在每千克饲料中添加氯化胆碱 0.6 克、维生素 E 10 国际单位。

九、鹅锌缺乏症

鹅锌缺乏症是由于锌元素的缺乏而引起的一种营养代谢病。本病主要特征为病鹅生长发育不良，羽毛粗乱，伴有脱羽。

病因分析

引起鹅锌缺乏症的原因主要包括以下 2 个方面。

1）一般植物性饲料中的含锌量较低，动物性饲料中的含锌量相对较高，如果长期单纯饲喂以大豆、菜籽饼等为主的植物性饲料，没有添加微量元素添加剂，则有可能导致锌缺乏症。

2）影响锌吸收利用的因素，也是造成鹅锌缺乏症的一个重要原因。饲料中的钙、磷过多，会降低锌的吸收及生物学功能；饲料中铜含量过高可抑制锌的吸收。此外，铁、铅等许多元素和脂肪酸，会与锌争夺代谢渠道，互为拮抗，往往会抑制锌的吸收和利用。

雏鹅缺锌时表现精神沉郁，食欲减退，生长发育不良，体重增长显著低于正常鹅，羽毛粗乱，稀疏，伴有不同程度的脱羽，严重者背羽脱光（图 5-24）；鼻孔内充满干燥碎屑及鼻窦内有黄色干酪样脓液；口流涎，嘴壳有时变形；腿骨粗短，关节肿大，两腿无力，不愿行走或站立不稳，皮肤鳞屑增多，特别是脚部皮肤。成年鹅严重缺锌时，羽毛也会缺损，产出的蛋蛋壳较薄，入孵后胚胎骨骼不能正常发育，成为畸形胚，孵化率较低，幼雏体质较弱。

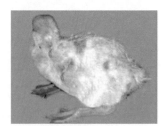

图 5-24 病鹅羽毛粗乱，稀疏，伴有不同程度的脱羽

病名	与鹅锌缺乏症的相似点	与鹅锌缺乏症的不同点
鹅病毒性关节炎	二者均表现食欲废绝，跗关节肿大，不愿走动	鹅病毒性关节炎的病原为呼肠孤病毒，有传染性；鹅病重时单脚跳；剖检可见关节腔内有黄色或血色渗出物、脓样或干酪样物，腓肠肌肌腱与周围组织粘连；酶联免疫吸附试验双抗体夹心法测试敏感
鹅锰缺乏症	二者均表现腿无力、关节肿大、骨粗短、生长不良	鹅锰缺乏症的病因是缺锰；病鹅膝关节异常肿大，病鹅腿部弯曲或扭转，头呈球形，鹦鹉嘴，腹膨大

平时应注意饲料搭配，喂以适量的肉骨粉、鱼粉或糠麸等饲料，添加适量质量可靠的微量元素添加剂，保证每千克饲料中含锌 50~70 毫克即可满足鹅的生长发育和预防锌缺乏。此外，矿物质及其他微量元素按营养标准适当添加，防止盲目性，否则饲料中某些元素添加过量也会不同程度地影响或降低锌的生物有效利用率，诱发锌缺乏。

鹅发生锌缺乏症后，在观察和准确诊断的基础上，立即更换饲料或每千克饲料中加硫酸锌 0.1~0.2 毫克。过量的锌对铁、铜的利用有抑制作用，不能无限制添加。加强饲养管理，可达到治疗目的。

第六章

鹅中毒性疾病的鉴别诊断与防治

06

一、鹅食盐中毒

鹅食盐中毒是由于食入含盐量过多的饲料，加上饮水不足而引起的中毒症。鹅比其他禽类较易中毒，雏鹅比成年鹅更易中毒。在临床上主要的症状是出现神经系统和消化系统机能紊乱。本病的病理变化以消化道炎症、脑组织呈现水肿和变性为特征。

病因分析

引起鹅食盐中毒的常见原因有下列几种。

1）鹅日粮中食盐的正常含量占饲料的 0.2%~0.4%。当饲料中食盐含量达到 3% 或每千克体重食入 3.5~4.5 克时，即可引起中毒，重者发生死亡。当雏鹅的饮水中含有 0.9% 的食盐时，连饮 5 天左右，死亡率可达 95% 以上。

2）当饲料缺乏维生素 E、含硫氨基酸、钙和镁时，可以增强鹅对食盐的敏感性。

3）放牧的成年鹅由于可以自由饮水，因此较少发生食盐中毒。而雏鹅在育雏期间日粮中食盐超标、供水不足，是发生鹅食盐中毒的重要原因之一。

鹅发生食盐中毒所表现的症状取决于食入食盐的量和中毒时间的长短。鹅一旦食入了过量的食盐，由于对消化道黏膜的刺激，病鹅食欲减退或废绝，而饮水量则大大超过正常鹅的数倍，使病鹅的食管膨大部扩张、膨大，病鹅稍低头，可见口、鼻流出浅黄色分泌物。渴感强烈，直到临死前还在饮水。

病鹅腹泻，排出水样稀便。有些病例出现显著的皮下水肿。

病鹅精神沉郁，运动失调，两脚无力或完全麻痹、瘫痪，脚蹼向后弯曲，行走困难，驱赶时可见病鹅两翅扑打地面移行，蹲伏片刻之后又见其能行走几步，但很快又卧地不起；发病后期出现呼吸困难，喙不停地张合，有时出现肌肉抽搐，头颈弯曲，胸腹朝天挣扎，最后昏迷，虚脱而死亡；雏鹅中毒后，不断鸣叫，神经兴奋性增强，无目的地冲撞，或头后仰（图6-1），以脚蹬地，突然身体向后翻转，胸腹朝天，两脚前后做游泳状摆动，头颈不断旋转，很快死亡。

图6-1　病鹅头后仰

慢性中毒时，血清中的含钠量显著增高；血液中嗜酸性粒细胞显著减少；肝脏和脑中的钠含量超过150毫克/100克重量。

病变主要表现在消化道。食管膨大部充满黏液，黏膜脱落；腺胃黏膜充血，呈浅红色，表面有时形成伪膜；肌胃呈轻度充血、出血；小肠发生急性卡他性或出血性肠炎，黏膜充血，并有出血点；皮下结缔组织水肿，切开后流出黄色透明液体，皮下脂肪呈胶冻样浸润；腹腔充满无臭、黄色、透明的腹水；肝脏肿大、瘀血，表面覆盖浅黄色的纤维素性渗出物；心包积液（图6-2），心脏有出血点；肺瘀血、水肿（图6-3）；全身血液浓稠；脑膜充血，有时见有小出血点（图6-4）。

图6-2　病鹅心包积液

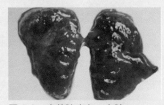

图6-3　病鹅肺瘀血、水肿

图6-4　病鹅脑膜充血

慢性食盐中毒，可见胃肠病变不明显，主要病变在脑，表现大脑皮层软化、坏死。

类症鉴别	病名	与鹅食盐中毒的相似点	与鹅食盐中毒的不同点
	鹅李氏杆菌病	二者均表现两腿软弱无力，卧地挣扎不起，下痢；脑膜血管充血，心包积液，肝脏瘀血，肠黏膜出血	鹅李氏杆菌病的病原为李氏杆菌，有传染性；病鹅冠髯发绀，皮肤暗紫，两翅下垂；肝脏肿大、呈土黄色、有白色坏死灶、质脆易碎，心冠脂肪出血，脾脏肿大、呈黑红色，腹腔有血样液；血液或脾肝涂片、镜检可见排列"V"形、革兰阳性的小杆菌
	鹅肉毒梭菌中毒	二者均表现两肢无力、麻痹，下痢，最后心衰死亡；肠道充血、出血等临床症状和剖检病变	鹅肉毒梭菌中毒的病因是吃了含有肉毒梭菌外毒素的腐烂尸体或蝇蛆；病鹅无精神，打瞌睡，头颈、眼睑、翅也发生麻痹，重症头颈平放于地不能抬起；剖检可见喉气管有少量灰黄色带泡沫的黏液；将嗉囊内容物制成悬液接种鹅的左下眼睑皮下，48小时后左眼睑麻痹、半闭合，敲头时左眼睁不开，右眼闭合自如，18小时后死亡

预防措施

1）调制饲料时，应严格控制饲料中食盐的含量，特别是饲喂雏鹅时，其含量不能超过0.5%，以0.3%为宜。

2）现在农村喂鹅已习惯喂混合料，可以不必加盐。

治疗方法

一旦发现中毒，立即停喂原有的饲料或饮水。中毒鹅可采取下列措施：

1）供给中毒鹅5%葡萄糖水饮用，以利尿解毒。

2）用0.5%醋酸钾溶液做饮用水，或灌服。

3）5%氯化钾溶液按每千克体重皮下注射4毫升。

4）为防止过量的食盐进一步损伤消化道黏膜，可喂给淀粉、牛奶或豆浆，灌服植物油缓泻剂，以减轻中毒症状。

二、鹅菜籽饼中毒

菜籽饼内富含蛋白质，可作为鹅的蛋白质饲料，在鹅的饲料中搭配一定量的菜籽饼，既可以降低饲料成本，也有利于营养成分的平衡。但是，菜籽饼中含有多种毒素，如硫氰酸酯、异硫氰酸脂、恶唑烷硫酮等，这些毒素对鹅体有毒害作用。如果鹅摄入大量未处理过的菜籽饼，就可以引起中毒（图6-5）。

图6-5 菜籽饼

菜籽饼的毒素含量与油菜品种有很大关系，与榨油工艺也有一定关系。普通菜籽饼在产蛋鹅饲料中占 8% 以上，即可引起毒性反应。当菜籽饼发热变质或饲料中缺碘时，会加重毒性反应。不同年龄的鹅对菜籽饼的耐受能力有一定差异，雏鹅的耐受能力较差。

鹅的菜籽饼中毒是一个慢性过程，当饲料中含菜籽饼过多时，鹅的最初反应为厌食，采食缓慢，耗料量减少，粪便出现干硬、稀薄、带血等不同的异常变化，逐渐生长受阻，产蛋减少，蛋重减轻，软壳蛋增多。

发病鹅群中，部分鹅呼吸明显困难，呈张口呼吸。部分鹅精神萎靡，食欲废绝，口流清涎，粪稀有少量血液，最后抽搐而死。个别鹅只有明显的神经症状，兴奋惊恐。症状轻，病程长的鹅双眼似有泪珠，视力欠敏锐。病鹅嗉囊空虚且萎缩，死前多呈角弓反张趋势。

肝脏肿大、呈暗紫色，并有明显瘀血斑，切面渗出黄色胶体状物质，肝脏表面有少量线状、浅黄色斑纹；胆囊肿大，内充满黄绿色胆汁。慢性死亡的病鹅，腺胃与肌胃有不同程度的出血，严重者呈现出血斑，十二指肠及盲肠呈弥漫性出血，肾实质有出血性炎症。

病名	与鹅菜籽饼中毒的相似点	与鹅菜籽饼中毒的不同点
鹅叶酸缺乏症	二者均表现生长迟滞，贫血，脚软无力，产蛋率下降	鹅叶酸缺乏症的病因是日粮中叶酸缺乏；病雏羽毛生长不良，色素缺乏，伸颈、麻痹，骨粗短；死亡鹅胚腔骨弯曲，胃黏膜有小出血点
鹅维生素 B_{12} 缺乏症	二者均表现生长缓慢，食欲减退，贫血，产蛋率和孵化率下降	鹅维生素 B_{12} 缺乏症的病因是日粮中维生素 B_{12} 缺乏；病鹅骨粗短；种蛋孵化时第 16~18 天出现死亡高峰，死胚体形缩小，皮肤水肿，肌肉萎缩

1）对菜籽饼要采取限量、去毒的方法，合理利用。

2）对病鹅只要停喂含有菜籽饼的饲料，可逐渐康复。无特效治疗药物，治疗时可采用解毒、排毒、吸附收敛、补液消炎等方法。

三、鹅棉籽饼中毒

棉籽饼内富含蛋白质，可作为鹅的蛋白质饲料，在鹅的饲料中搭配一定量的棉籽饼，既可以降低饲料成本，也有利于营养成分的平衡。但是，在棉籽饼中含有一种叫棉籽酚的有害物质，对组织细胞、血管、神经有毒害作用。如果加工调制不当或鹅摄入量过多，就会引起中毒（图6-6）。

图6-6　棉籽饼

引起鹅棉籽饼中毒的因素主要有以下几个方面。

（1）**用带壳的土榨棉籽饼配料**　这种棉籽饼不仅含有大量的木质素和粗纤维，而且游离棉籽酚（游离态棉籽酚毒性强，结合态棉籽酚毒性弱）含量很高，因此不能用于喂鹅。目前随着榨油工业向现代化发展，这种棉籽饼已经越来越少。

（2）**在配合饲料中棉籽饼比例过大**　棉籽饼中的游离棉籽酚与棉花品种、土壤、特别是榨油工艺有很大关系，常用的棉籽饼含游离棉籽酚万分之八左右，如果在鹅的饲料中配入10%以上，就容易引起中毒。

（3）**棉籽饼发霉变质**　如果棉籽饼发霉变质，其游离棉籽酚的含量就会增加，则增加中毒的危险。

（4）**配合饲料中维生素A、钙、铁及蛋白质不足**　如果配合饲料中维生素A、钙、铁及蛋白质不足，会促使中毒的发生。

中毒病鹅食欲减退或废绝，排黑褐色稀便，并常混有黏液、血液和脱落的肠黏膜。羽毛松乱，翅下垂，行动不稳，身体急剧消瘦。有些病鹅出现抽搐等神经症状，呼吸困难，最后因衰竭而死亡。母鹅产蛋减少或停产，公鹅精液中精子减少，活力减弱，种蛋的受精率和孵化率降低。

剖检可见胃肠道黏膜充血、出血，黏膜易脱落；肝脏充血、肿大，质脆，呈土黄色，其中有许多空泡和泡沫状间隙；肾脏呈紫红色，质软而脆；胰腺增大；肺充血、水肿；心外膜出血；卵巢萎缩；皮下水肿。

病名	与鹅棉籽饼中毒的相似点	与鹅棉籽饼中毒的不同点
鹅叶酸缺乏症	二者均表现生长迟滞，贫血，脚软无力，产蛋率下降	鹅叶酸缺乏症的病因是日粮中叶酸缺乏；病雏羽毛生长不良，色素缺乏，伸颈，麻痹，骨粗短；死亡鹅胚腔骨弯曲，胃黏膜有小出血点
鹅维生素 B_{12} 缺乏症	二者均表现生长缓慢，食欲减退，贫血，产蛋率和孵化率下降	鹅维生素 B_{12} 缺乏症的病因是日粮中维生素 B_{12} 缺乏；病鹅骨粗短；种蛋孵化时第 16~18 天出现死亡高峰，死胚体形缩小，皮肤水肿，肌肉萎缩

类症鉴别

预防措施

（1）**去毒处理**　饲料中每配入 100 千克棉籽饼，同时拌入 1 千克硫酸亚铁，这样在鹅的消化道内，棉籽酚与铁结合而失去毒性。棉籽饼的其他去毒方法还有蒸煮 2 小时、用 2%~2.5% 的硫酸亚铁溶液浸泡 24 小时等。

（2）**限量饲喂**　棉籽饼在育成鹅饲料中所占比例，以 5%~6% 为宜，最多不超过10%。

（3）**间歇使用**　由于棉籽酚在体内积蓄作用较强，鹅饲料中最好不要长期配入棉籽饼，每隔 1~2 个月停用 10~15 天。

（4）**区别对待**　1 月龄以下的雏鹅不喂棉籽饼，青年鹅适当多喂，产蛋期少喂，种鹅在提供种蛋期间不喂。

（5）**增喂青绿饲料**　青绿饲料可显著增强动物机体对棉籽酚的解毒能力，在饲料中配入棉籽饼时，应尽可能供给充足的青绿饲料，做不到的应增加多种维生素添加剂的用量，但效果不及青绿饲料。

治疗方法

1）对病鹅应停喂含有棉籽饼的饲料，多喂些青绿饲料，经 1~3 天可逐渐恢复。

2）对症治疗。

①硫酸镁 1~2 克，1 次内服。

②0.5% 硫酸阿托品注射液 0.2~0.4 毫升，1 次分点皮下注射。

③25% 维生素 C 注射液 0.2~0.5 毫升，1 次肌内注射。

四、鹅黄曲霉毒素中毒

鹅黄曲霉毒素中毒是指因鹅采食了含黄曲霉毒素的发霉饲料后所发生的一种急性或亚急性中毒性疾病。本病以神经症状，全身浆膜出血，肝脏坏死、硬化为特征，可引起鹅特别是雏鹅大批死亡。

鹅的各种饲料，特别是花生饼（粕）、玉米、豆饼、棉籽饼、小麦、大麦等，由于受潮、受热而发霉变质，含有多种霉菌，其中主要的是黄曲霉菌（图6-7）。黄曲霉毒素是黄曲霉菌的代谢产物，对畜禽具有毒害作用。如果鹅摄入大量黄曲霉毒素，可造成中毒。

图6-7　发霉的玉米和花生粕

不同日龄的鹅对黄曲霉毒素的敏感性不尽相同，雏鹅比成年鹅更为敏感。

本病多发于雏鹅，临床症状取决于鹅的年龄和食入毒素量的多少。雏鹅多呈急性型，无明显症状，有时很快死亡；病程稍长的则表现精神委顿，食欲减退或废绝，衰弱无力，拱背，尾下垂，脱毛，鸣叫，步态不稳，严重跛行，呈企鹅状行走，腿和脚部皮下血色呈紫红色，并出现明显黄疸变化，死前常有共济失调，角弓反张等症状。成年鹅的耐受性较雏鹅高，急性中毒病鹅的症状与雏鹅基本相近，表现为口渴增加，腹泻，排白色或绿色稀便；慢性中毒病鹅的症状不明显，表现为食欲减退，消瘦，贫血，衰弱；病程长者，可能发展为肝癌，最后死亡。

剖检病变主要在肝脏。急性中毒的雏鹅肝脏肿大，颜色变浅呈黄白色，有出血斑点，胆囊扩张；肾脏苍白，稍肿大；腺胃出血（图6-8），肌胃糜烂（图6-9），胰腺有出血点；脾脏呈浅黄色；胸部皮下和肌肉有时出血。成年鹅慢性中毒时，肝脏变黄，逐渐硬化，常分布有白色点状或结节状病灶（图6-10）。

图6-8　病鹅腺胃弥漫性出血

图6-9　病鹅肌胃角质膜糜烂

图6-10　病鹅肝脏变黄，常分布有白色点状或结节状病灶

病名	与鹅黄曲霉毒素中毒的相似点	与鹅黄曲霉毒素中毒的不同点
鹅病毒性肝炎	二者均表现精神萎靡，缩颈垂翅，厌食，不愿活动，抽搐；肝脏肿大、发黄、有出血点，胆囊肿大	鹅病毒性肝炎的病原为呼肠孤病毒；病鹅多侧卧，头向后背（俗称背脖），喙端和爪尖呈紫色，排绿色或黄色稀粪，尿中含有大量的尿酸盐；剖检脾脏有时呈斑驳状，肾脏肿大、呈灰红色，坏死肝细胞间有大量的红细胞；用上清液接种 1~7 日龄的雏鹅，可于 24 小时后出现相同的典型症状和病理变化
鹅弓形虫病	二者均表现厌食，消瘦，鹅冠苍白、贫血，排稀粪，共济失调，角弓反张；肝脏肿大、有坏死灶，心包积液	鹅弓形虫病的病原为弓形虫；病鹅排白色稀粪，歪头失明，有的转圈，后期发生麻痹；脑眼型视交叉神经变脆和干燥、呈灰黄色、有坏死区，玻璃体被肉芽所替代，心包有圆形结节，腺胃壁增厚、有些有溃疡，小肠有结节；用腹腔液或组织涂片镜检可检出虫体
鹅维生素 B_1 缺乏症	二者均表现精神沉郁，食欲减退，羽毛松乱，消瘦，贫血，运动失调，两腿麻痹，角弓反张	鹅维生素 B_1 缺乏症的病因是维生素 B_1 缺乏；病鹅趾屈肌先麻痹而后向上延至腿、翅，骨骼肌收缩无力；剖检可见皮下广泛水肿，卵巢、胃、肠萎缩，心脏轻度萎缩，体温降至 35℃以下

1）加强饲料保管，贮存饲料原料的水分不能超标，防止饲料发霉，特别是温暖多雨季节更应注意防霉。

要保持饲料贮存仓库干燥、通风、低温。在饲料中可加入防霉剂，每 1000 千克饲料加入 75% 丙酸钙 1 千克。若为高温、高湿的饲料或含有糖蜜、油脂类的饲料，每 1000 千克饲料加入 75% 丙酸钙 1.5~2 千克。已被霉菌污染的饲料，可用 5% 过氧乙酸喷雾消毒，消灭霉菌孢子。若饲料已被黄曲霉毒素污染，禁止使用。

2）坚持不喂发霉饲料，尤其是不喂发霉的玉米、麦麸，花生饼、豆粕等。不用被霉菌污染的原料配制和加工饲料。

3）鹅棚、舍和饲料仓库等要定期用福尔马林或过氧乙酸喷雾，彻底消毒。被污染的用具可用过氧乙酸或次氯酸钠消毒，再用清水清洗后方可使用，以消灭霉菌及其孢子。

一旦发现中毒，要立即更换饲料，加强病鹅护理，供给充足的青绿饲料和维生素 A。应用制霉菌素治疗时，每只口服 3 万 ~5 万国际单位，每天 2 次，连用 2~3 天。对重症病鹅可服用少许盐类泻剂，并采取对症疗法。

五、鹅肉毒梭菌中毒

鹅肉毒梭菌中毒是由于鹅采食了含肉毒梭菌产生的外毒素的饲料而引起的急性中毒性疾病。其主要临床特征是病鹅全身麻痹，头下垂、软弱无力，故又称"软颈病"。

病因分析

肉毒梭菌广泛分布在自然界及健康动物的肠道中，但不引起发病。当其在腐败的动物尸体、植物及粪坑的蝇蛆体内，在厌氧的条件下会产生毒力很强的外毒素。本病多发于温暖的季节，由于气温高，使饲料腐败，或死鱼烂虾的腐败产生本毒素。当鹅、鸭等水禽吃了这些腐败食物发生中毒，也可因吃了身体粘染上该毒素的蝇蛆而致病。

图 6-11　病鹅两腿麻痹，软颈，喙部发绀

临床症状

本病潜伏期的长短，取决于摄食毒素的量，通常为几小时至 1~2 天。病鹅常突然发病，初期症状是精神萎靡，不爱活动，嗜睡。明显的症状是头颈、翅膀和两腿发生麻痹，喙部发绀，头颈常伸直、软弱无力，因此本病又称"软颈病"（图 6-11）。病鹅眼睑紧闭，翅下垂拖地，最后昏迷死亡。严重病例羽毛松乱，容易拔落，这也是本病的特征性症状之一。

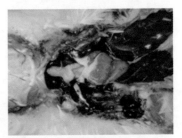

图 6-12　病鹅心肌有出血点

病理变化

病鹅剖检没有特征性的病理变化，有的出现卡他性或出血性肠炎，心肌及脑组织上有出血点（图 6-12），泄殖腔中有尿酸盐积聚。

类症鉴别

病名	与鹅肉毒梭菌中毒的相似点	与鹅肉毒梭菌中毒的不同点
鹅李氏杆菌病	二者均多为群发，表现突然发病，精神萎靡，羽毛松乱，翅下垂，腿软无力，腹泻；肠道出血	鹅李氏杆菌病病例冠髯发绀，脱水，皮肤暗紫，倒地侧卧、腿划动，或盲目乱闯、尖叫，头颈弯曲，仰头，阵发性痉挛；剖检可见脑膜血管充血，肝脏肿大、呈土黄色、有紫色瘀血斑和白色坏死点、质脆易碎，脾脏肿大、呈黑红色；血液病料涂片、革兰染色可见排列"V"状的阳性小杆菌

病名	与鹅肉毒梭菌中毒的相似点	与鹅肉毒梭菌中毒的不同点
鹅食盐中毒	二者均表现两肢无力，麻痹，腹泻，最后心衰死亡；肠道充血、出血	鹅食盐中毒的病因是吃咸鱼粉或日粮中食盐过多；病鹅无食欲，饮欲增加，口鼻流出大量黏液，嗉囊扩张；剖检可见脑膜血管充血、扩张，心包积液，肝脏瘀血、有出血斑，皮下组织水肿；用硝酸银滴定嗉囊内容物可测知食盐含量
鹅黄曲霉毒素中毒	二者均表现精神不振，打瞌睡，毛松乱，翅下垂，懒动；肠道充血、出血	鹅黄曲霉毒素中毒的病因是鹅吃了黄曲霉毒素污染的饲料；病鹅共济失调，跛行，颈肌痉挛，角弓反张，稀粪含血；剖检可见肝脏肿大、呈橘黄色或土黄色，呈弥漫性出血和坏死，胆囊肿大、壁增厚（胆囊上皮增生），脾脏肿大、呈浅黄色或灰黄色，腺胃、肌胃有出血，心脏色变白，肾脏肿大、苍白，卵巢卵泡膜增厚、呈紫红色或黄绿色，内容物呈油脂样或干酪样；将所用饲料用紫外线照射观察荧光，G族毒素为亮黄绿色荧光，如为B族毒素可见到蓝紫色荧光

预防措施

1）加强饲养管理，不要饲喂腐败的蔬菜及变质的肉类、鱼粉等饲料。注意饲料的卫生，也可在饲料中添加抗霉菌药物（如制菌霉素、丙酸钠或丙酸钙等）。

2）搞好环境卫生，及时清除鹅舍、运动场、池塘周围的腐败尸体和植物，放牧时慎选水域，避免与死鱼烂虾接触，防止本病的发生。

3）注意清除环境中肉毒梭菌及其毒素的潜在来源，及时处理群体内的死鹅和淘汰病鹅，以及更换污染的垫料，加强环境消毒，这对预防和控制本病非常重要。

4）一旦发现鹅群中有肉毒梭菌中毒的鹅，则整个鹅群应离开水源，更换牧地。妥善处理病鹅的粪便，病死鹅要深埋或烧毁。

治疗方法

发现病鹅要加强护理，将每只鹅身体擦干，分别摆开，不能堆集。治疗上可用轻泻剂，每只成年鹅可用注射器套大小合适的塑料管灌服2~3克硫酸镁溶液，并喂以糖水。对于重症病例，在用胶管投药或喂糖水后，要注意将头颈部垫高，否则液体可能误入气管以致窒息而死；个别治疗时，每只成年鹅可喂给蓖麻油25克。有条件的地方，可用C型肉毒梭菌的抗毒素（血清）治疗，注射剂量为每只成年鹅2~4毫升，有一定疗效。

六、鹅亚硝酸盐中毒

鹅亚硝酸盐中毒是由于鹅摄食了含大量亚硝酸盐的青饲料而引起的中毒症。其临床症状主要是机体严重缺氧，可视黏膜发绀。主要病理变化以血液凝固不良、呈酱油色为特征。

亚硝酸盐中毒，又称高铁血红蛋白血症。主要是由于富含硝酸盐的饲料（如甜菜、萝卜、马铃薯等块茎类，白菜、油菜、菠菜，各种牧草、野菜等）在硝酸盐还原菌的作用下，经还原作用而生成为亚硝酸盐。一旦被吸收入血后引起鹅血液输氧功能障碍。因此，亚硝酸盐的产生，取决于饲料中硝酸盐的含量和硝酸盐还原菌的活力。在一般情况下，习惯用青饲料喂鹅的地区，鹅群发生亚硝酸盐中毒的机会就会多一些。当绿色饲料在食用之前保存不当，堆放过久，雨淋日晒，腐败变质，或加工、调制处理不当，如蒸煮青绿饲料时，不加搅拌或搅拌不够，蒸煮不透、不熟，或煮后放在锅里，加盖闷着，在这种情况下，可使饲料中的硝酸盐变成亚硝酸盐。鹅采食了这样的饲料就会发生中毒。当鹅体本身消化不良，胃内酸度下降，可使胃肠（尤其是雏鹅食管膨大部）内的硝化细菌大量生长繁殖，胃肠的内容物发酵，而将硝酸盐还原为亚硝酸盐，导致鹅中毒。

饮用硝酸盐含量过高的水，也是引起鹅亚硝酸盐中毒的原因之一。施过氮肥农田的田水，或垃圾堆附近的水源，也常含有较高浓度的硝酸盐。

亚硝酸盐属于一种强氧化剂毒物，一旦被鹅体吸收入血液后，就能使血红蛋白中的二价铁（Fe^{2+}）脱去电子后被氧化为三价铁（Fe^{3+}），这样就会使体内正常的低铁血红蛋白变为变性的高铁血红蛋白。三价铁同羟基结合较牢固，流经肺泡时不能氧合，流经组织时不能氧离，致使血红蛋白丧失正常携氧功能，而引起全身性缺氧。这样就会造成全身各组织，特别是脑组织受到急性损害，同时还会引起鹅只呼吸困难，甚至呼吸麻痹，神经系统紊乱而死亡。

鹅亚硝酸盐中毒，多呈急性发作，在采食了含亚硝酸盐的饲料之后，表现精神不安，不停跑动，但步态不稳，多因呼吸困难，最后窒息死亡。

病程稍长的病例，常表现张口、口渴、食欲减退、呼吸困难，口腔黏膜、眼结膜和胸、腹皮肤发绀。大多数病例体温下降，心跳减慢，肌肉无力而软弱，双翅下垂，两腿发软，最后发生麻痹、昏睡而死（图6-13）。

病情较轻的病例，仅表现轻度的消化机能紊乱和肌肉无力等症状，一般可以自愈。

图6-13 病鹅呼吸困难，皮肤发绀，翅、腿麻痹，昏睡而死

病理变化

体表皮肤、耳、肢端和可视黏膜呈蓝紫色（即发绀），体内各浆膜颜色发暗；血液呈巧克力色泽或酱油状，凝固不良；肝脏、脾脏、肾脏等脏器均呈黑紫色，切面明显瘀血，并流出黑色不凝固血液；气管与支气管充满白色或浅红色泡沫样液体；肺膨胀，肺气肿明显，伴发肺瘀血、水肿；胃、小肠黏膜出血，肠系膜血管充血（图6-14）；心外膜出血，心肌变性、坏死。

图6-14 病鹅小肠黏膜出血

类症鉴别

病名	与鹅亚硝酸盐中毒的相似点	与鹅亚硝酸盐中毒的不同点
小鹅瘟	二者均表现发病突然，呼吸困难，四肢麻痹，卧地不起；肝脏瘀血、肠道出血	小鹅瘟的病原是小鹅瘟病毒，是发生于雏鹅、雏番鹅的一种急性、病毒性传染病，主要发生于3~20日龄，3周龄以上发病率逐渐降低；剖检可见小肠黏膜发炎、坏死，小肠中、下段外观似"香肠样"，内有带状或圆柱状灰白色或浅黄色栓子，栓子较短，呈2~5厘米的节段，有的没有栓子，但整个肠腔中充满黏稠的内容物，黏膜充血、发红
鹅禽流感	二者均表现发病急且病程短，食欲减退，呼吸困难，抽搐、四肢麻痹卧地；胃肠道出血	鹅禽流感的病原是A型流感病毒，具有极强的传染性；病鹅体温升高，拉白色或带浅黄绿色水样稀粪，头颈部肿大，皮下水肿，眼睛潮红或出血，眼结膜有出血斑，眼睛四周羽毛粘着褐黑色分泌物，严重者失明；绝大多数病鹅有间歇性转圈运动，转圈后倒地并不断滚动等神经症状，有的病例头颈部不断做点头动作

预防措施

1）防止鹅亚硝酸盐中毒的关键措施是不喂腐败、变质、发霉的饲料和堆放时间太长的青绿饲料。

2）青绿饲料如需要蒸煮时，应边煮边搅拌，煮透、煮熟后立即取出，并充分搅拌，让其快速冷却后饲喂。

3）菜类饲料应放置于阴凉、通风的地方，摊开敞放，经常翻动。特别要注意的是切勿将菜类饲料切碎堆放后才喂鹅。

治疗方法

1）更换新鲜饲料和清洁饮水。

2）亚甲蓝是对本病最有效的解毒药物。一旦发现鹅群中毒，可静脉注射 1% 的亚甲蓝注射液，每千克体重 0.1 毫升；或腹腔注射，每千克体重 0.4 毫升。同时配合注射 50% 葡萄糖及维生素 C 注射液，或每只病鹅口服维生素 C 1 片（100 毫克），每天 1 次，连用 2~3 天。

七、鹅磺胺类药物中毒

磺胺类药物是一类具有对氨基苯酰磺胺结构的广谱抗菌药物的总称，被广泛地应用于家禽的细菌性疾病及球虫病的防治。但由于该类药物对禽的肝脏、肾脏、造血和免疫系统有毒害作用，而且治疗量与中毒量较接近，极易引起家禽的中毒。鹅磺胺类药物中毒就是指因磺胺类药物使用不当而引起的中毒。病鹅可表现出皮肤、皮下组织、肌肉和内脏器官出血等特征。雏鹅敏感性比成年鹅高。

病因分析

鹅发生磺胺类药物中毒的直接原因是使用磺胺类药物剂量过大，用药时间过长或拌料不均匀。磺胺类药物的一般使用量是口服每千克体重 0.1 克（首次加倍）、肌内注射每千克体重 0.07 克，连用 3~5 天。超过了这个用量，或连用 7 天以上，就有可能造成鹅中毒。

1 月龄以内的雏鹅因体内肝脏、肾脏等器官功能不完备，对磺胺类药物的敏感性较高，容易引起中毒。因磺胺类药物本身在体内代谢就较缓慢，不易排泄，肝脏、肾脏有疾病的鹅因体内的蓄积也易导致中毒。饲料中维生素 K 缺乏也能促进磺胺类药物中毒的发生。

临床症状

急性中毒主要可表现为兴奋症状，病鹅拒食，腹泻，出现头颈扭曲、麻痹、痉挛等神经症状（图 6-15），严重者出现明显症状后 12 小时内死亡。慢性中毒则精神沉郁，羽毛粗乱，食欲减退或废绝，饮欲增加，贫血，头部常肿大、发暗，眼半闭，脚软，双翅下垂、翅下出现皮疹，脚蹼出血，便秘或腹泻，粪便呈酱油色或灰白色（图6-16、图6-17）。产蛋减少，产软壳蛋或停产。个别鹅关节肿胀、跛行，站立不稳或瘫痪。

 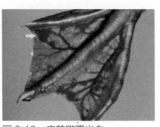 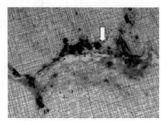

图 6-15　病鹅腹泻，头颈扭曲、麻痹　　图 6-16　病鹅脚蹼出血　　图 6-17　病鹅粪便呈酱油色或灰白色

病理变化　　主要是引起出血综合征，可见皮肤、皮下、肌肉（尤以胸肌、大腿内侧肌明显）、内脏等多部位出血（图6-18）；血液稀薄、凝固不良；肾脏肿大，呈土黄色，有出血斑，切面散在灰白色区域，实质萎缩；输尿管增粗、充满白色尿酸盐；肝脏肿大，质脆，呈紫红或黄褐色，有出血斑点或条带（图6-19）；腺胃黏膜及肌胃角质层下、小肠黏膜等都可出现出血斑点，十二指肠黏膜脱落；有的关节腔内有少量尿酸盐沉积。

 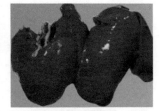

图 6-18　病鹅腿部皮下、肌肉出血　　图 6-19　病鹅肝脏肿大，色黄，充血、出血

类症鉴别

病名	与鹅磺胺类药物中毒的相似点	与鹅磺胺类药物中毒的不同点
鹅结核病	二者均表现精神委顿，羽毛松乱，冠髯苍白，贫血，腹泻，增重缓慢，产蛋率下降	鹅结核病的病原为结核分枝杆菌；病鹅呆立不愿活动，进行性消瘦；剖检可见肺、脾脏、肝脏、肠系膜均有结节，切开内容物呈干酪样，涂片染色镜检可见结核分枝杆菌
鹅叶酸缺乏症	二者均表现生长停滞，贫血，白细胞减少，成年鹅产蛋率下降；肠道出血	鹅叶酸缺乏症的病因是叶酸缺乏；病鹅羽毛生长不良，色素缺乏，特征性伸颈、麻痹，死胚胎胫骨弯曲，肝脏、脾脏、肾脏缺血

1）对 10 日龄以下雏鹅或产蛋鹅应少用或禁用。

2）严格控制磺胺类药物的使用剂量和疗程（一般不宜超过 5 天）。

3）使用磺胺类药物期间，应提高饲料中的维生素 K 和 B 族维生素的含量。同时注意供给充足的饮水。

4）将 2~3 种磺胺类药物联合使用，以便提高疗效，减少药物毒性。另外，在临床上可选用含有增效剂的磺胺类药物（如复方磺胺嘧啶、复方磺胺甲噁唑等），因其用量小，毒性也较低。

八、鹅有机磷农药中毒

病因
分析

有机磷农药的品种繁多，并不断更新，已成为防治植物病虫害的重要手段，广泛应用于农业生产和牧草生产，对保护农作物、牧草和蔬菜起着一定的作用。多年来各国都致力于研制高效、低毒或无毒、残毒期短的有机磷农药，但由有机磷农药引起鹅群急性或慢性中毒的事件仍时有发生，甚至造成鹅群成批死亡。因此，预防鹅群有机磷农药中毒，对保证养鹅生产的正常发展具有重要意义。

在生产中，如果鹅误食喷洒过有机磷杀虫药不久的牧草或蔬菜等；误食拌过或浸过有机磷杀虫药的种子，如为了防治地下害虫而用 1605（乙基对硫磷）、敌百虫等拌种；用敌百虫、蝇毒磷等溶液杀灭鹅的体外寄生虫时，浓度过大，浸洗时间过长；违反使用、保管有机磷农药安全操作规程，在同一库房内贮存饲料和农药，或在饲料库内拌种和配制农药，从而污染了饲料，这些均可引起鹅中毒。

有机磷的毒性作用主要是通过皮肤、呼吸道和消化道吸收后与体内的胆碱酯酶结合，形成磷酰化胆碱酯酶，使胆碱酯酶失去活性，丧失催化乙酰胆碱水解的能力，导致体内乙酰胆碱蓄积过多而出现中毒症状。

症状
与
病变

鹅中毒的程度不一，主要由鹅食入有机磷的量而定。

最急性中毒，往往在出现明显临床症状之前鹅突然倒地死亡。

急性中毒的鹅则表现不安，瞳孔缩小，食欲废绝，频频排粪，继而张口呼吸，不会鸣叫。后期体温下降，窒息倒地而死亡。

中毒较严重的病例表现的典型症状为口流白沫，不断出现吞咽动作，流涎，流泪。

张口呼吸，运动失调，两脚无力，站立不稳，行走摇晃不定或两腿麻痹，瞳孔缩小（图6-20）。不会鸣叫。频频摇头，并从口中甩出饲料。全身发抖，肌肉震颤。泄殖腔括约肌急剧收缩，频频拉出稀粪。最后体温下降，昏迷倒地窒息而死。

图6-20　病鹅张口呼吸，运动失调，两腿麻痹

剖检可见胃内容物有特殊的大蒜气味，胃肠黏膜出血、脱落和出现不同程度的溃疡；肝脏、肾脏肿大，质变脆，并有脂肪变性；肺充血、水肿；心肌、心冠脂肪有出血点，血液呈现暗黑色。

类症鉴别

病名	与鹅有机磷农药中毒的相似点	与鹅有机磷农药中毒的不同点
鹅有机氟化物中毒	二者均表现食欲废绝，呕吐，震颤，兴奋不安，心跳、呼吸加快，尖叫，抽搐	鹅有机氟化物中毒病例因吃食被有机氟化物污染的饲料或水而发病；惊恐尖叫，向前直冲，不避障碍物，瞳孔散大，发作持续几分钟后出现缓和，然后又重新发作；抑制期嗜睡，精神沉郁，肌肉松弛；用羟肟酸反应，如有氟乙酰胺存在，会出现红色
鹅食盐中毒	二者均表现食欲减退或废绝，流涎，空嚼，下痢，肌肉震颤，或心跳加快，兴奋不安，步态不稳；脑充血、水肿，气管充满泡沫	鹅食盐中毒病例因吃含盐太多的饲料而发病；口腔黏膜潮红、肿胀，渴甚喜饮，瞳孔散大，腹部皮肤发绀；剖检胃内容物无大蒜、韭菜、胡椒等异味
鹅氢氰酸中毒	二者均表现兴奋不安，流涎，眼果震颤，瞳孔缩小，抽搐，呼吸加快	鹅氢氰酸中毒病例因吃木薯、亚麻籽、高粱和玉米嫩苗等而发病；可视黏膜呈鲜红色，最后变苍白，瞳孔先缩小后放大，眼球凸出、震颤，后反射消失，痉挛，心动徐缓；剖检可见血液鲜红、凝固不良，胃内容物有杏仁味；取检材分别加硫酸亚铁等试液，如滤纸中心呈蓝色即证明有氰化物
鹅安妥中毒	二者均表现兴奋不安，呼吸加快，尖叫；肺有水肿，气管有泡沫，胃黏膜脱落	鹅安妥中毒病例因误食安妥而发病；呼吸急促，如发生进行性呼吸困难，眼球凸出，静脉怒张，黏膜发绀；剖检可见肺全部呈暗红色，极度肿大，气管内有血色泡沫，肝脏、脾脏呈暗红色、均不肿大，将食物、胃内容物经处理后所得的残渣，取少量放在白瓷板上，加硝酸数滴即变红色，继而变橙红色，最后变橙色

1）对农药要严格管理，必须专人负责，专门管理，注意安全。用有机磷农药拌过的种子必须妥善保管，禁止堆放在鹅舍周围。制定一整套农药保管和使用制度，确保人、畜、禽安全。

2）放牧前必须充分了解周围田地和水域是否喷洒过农药。以免放牧时造成中毒。

鹅一旦误食了有机磷农药，多呈急性中毒，往往来不及治疗。倘若发现得早，中毒不深，可用下列药物进行治疗。

1）碘解磷定注射液，每只成年鹅（体重 2.5~5 千克）肌内或皮下注射 0.2~0.5 毫升（每毫升含 40 毫克）。硫酸阿托品注射液 1 毫升（每毫升含 0.5 毫克），每隔 30 分钟内服阿托品片剂 1 片，连服 2~3 次，并给予充分饮水。雏鹅（体重 0.5~1 千克）内服阿托品 1/3~1/2 片，以后按每只雏鹅 1/10 片的剂量溶于水灌服，隔 30 分钟 1 次，连用 2~3 次。

2）双复磷与硫酸阿托品联合使用，每只鹅肌内注射双复磷 13 毫克与硫酸阿托品 0.05 毫克混合液。

3）如果是 1605 中毒，可根据病鹅的大小灌服 1%~2% 的石灰水（上清液）3~5 毫升。因 1605 一遇到碱性物质能很快分解而失去毒性。如果是敌百虫中毒，则不能服用石灰水，因敌百虫遇碱能变成毒性更强的敌敌畏。

九、鹅一氧化碳中毒

一氧化碳俗称煤气，主要是煤炭（或木炭）在供氧不足的状态下燃烧不完全而产生的。

本病多见于深秋、冬、春季节，有些养鹅户在育雏时，常用煤炉或木炭炉加温保暖，由于装置欠妥或通风不良，造成了室内空气中的一氧化碳浓度过高，当室内空气中的一氧化碳含量达到 0.04%~0.05% 及以上时，就可使雏鹅发生中毒。

由于一氧化碳与血红蛋白的亲和力比氧气与血红蛋白的亲和力大 200~300 倍，而碳氧血红蛋白的解离力却是氧合血红蛋白的 1/3600。因此，一氧化碳被吸入肺后，即与氧争夺血红蛋白结合，如果血液一旦积聚了大量的碳氧血红蛋白，便会使血红蛋白失去了输送氧的能力，从而造成机体急性缺氧血症。

鹅一氧化碳中毒后，轻症者表现为食欲减退，精神萎靡，羽毛松乱，雏鹅生长缓慢；重症者表现为精神不安，昏迷，呆立嗜睡，呼吸困难，运动失调，死前出现惊厥。

病死鹅剖检可见血液、脏器呈鲜红色，黏膜及肌肉呈樱桃红色，并有充血及出血等现象（图6-21）。

图6-21　病鹅肺呈弥漫性充血、出血和水肿

病名	与鹅一氧化碳中毒的相似点	与鹅一氧化碳中毒的不同点
鹅李氏杆菌病	二者均表现精神委顿，呆立，毛粗乱，神志不清，阵发抽搐	鹅李氏杆菌病的病原为李氏杆菌，具有传染性。病鹅冠髯发绀，皮肤暗紫，两翅下垂，卧地不起、腿划动。剖检可见脑膜血管明显充血，心肌有坏死灶。肝脏肿大、呈土黄色、有紫色瘀斑和白色坏死点。脾呈黑红色。血液或脏器涂片镜检可见排列"V"形革兰氏阳性的小杆菌
鹅镁缺乏症	二者均表现昏睡，短时间气喘，惊厥	鹅镁缺乏症的病因是日粮中镁缺乏；病鹅停止生长，受惊后出现短时间气喘、惊厥，并转入昏迷死亡

在生产中，应经常检查育雏室及鹅舍的采暖设备，防止漏烟、倒烟。鹅舍内要设有通风孔，使舍内通风良好，以防一氧化碳蓄积。鹅一氧化碳中毒后，轻症者不需要特别治疗，将病鹅移放于空气新鲜处，可逐渐好转。严重中毒时，应同时皮下注射生理盐水或等渗葡萄糖液、强心剂，以维护心脏与肝脏功能，促进其痊愈。

第七章

鹅其他普通病的鉴别诊断与防治

一、鹅痛风

鹅痛风是一种蛋白质代谢障碍性疾病，可以引起高尿酸血症。本病的特征是在体内产生大量尿酸盐和尿酸晶体，在鹅的关节囊、关节软骨、内脏、肾小管及输尿管中沉积。主要症状表现为运动迟缓，腿、翅关节肿大，跛行，排白色稀粪。

病因分析 鹅痛风是由多方面的综合因素造成的，以原发性的尿酸生成占多数。

1）主要是由于日粮中长期含核蛋白和嘌呤碱过高，以及在维生素缺乏的情况下造成氨基酸不平衡。

2）肾功能不全或损害，在痛风的发生上具有重要作用。凡能引起肾功能不全的因素，皆可以使尿酸排泄障碍而导致痛风，如磺胺类药物中毒或长时期服抗菌药物都可以发生本病。

3）饲料含钙或镁过高。

4）缺水和维生素 B 缺乏、鹅群拥挤、阳光不足、球虫病及母鹅的衰老等因素，皆可以成为促进本病发生的诱因。

富含核蛋白和嘌呤碱的蛋白质，在机体内最终皆分解为尿酸。由于禽类的肝脏缺乏精氨酸酶，体内代谢过程中产生的氨不能形成尿素，只能在肝脏内合成尿酸，健康禽类通过肾脏能把多余的尿酸排出。当机体内大量尿酸排泄不出去时，尿酸即以钠盐形式在关节、软组织、软骨甚至在内脏各器官沉积下来，也可形成尿路结石。

鹅的痛风多呈慢性经过。根据尿酸沉积部位的不同分为内脏型痛风、关节型痛风。有些病例可出现混合型痛风。

（1）**内脏型痛风** 此型比较多见，但在临床上不易发现。在发病初期无明显症状，主要是呈现营养障碍，血液中尿酸水平增高。病鹅精神不振，食欲减退，经常排出白色半黏液状稀粪，内含有大量的灰白色尿酸盐，肛门附近常见有白色的粪污。不愿活动，也不愿下水，或下水后不愿戏水。病鹅日渐消瘦，贫血，严重者可突然死亡。产蛋母鹅的产蛋率下降，甚至停产，蛋的孵化率降低或死胎增多。此型痛风的发病率较高，有时可波及全群。

（2）**关节型痛风** 在发病初期，病鹅健康状态良好。由于尿酸盐在趾关节、跗关节、指、腕及肘关节内沉积，使关节肿胀（图7-1），界限多不明显，出现跛行。以后则形成硬而轮廓明显的或者可以移动的结节，结节破裂后，排出灰黄色干酪样尿酸盐结晶，局部出现出血性溃疡。有些病例翅、腿关节显著变形，活动困难，呈蹲坐或独肢站立姿势。

（1）**内脏型痛风** 肾脏肿大、色浅，表面有尿酸盐沉积而形成的白色斑点，输尿管变粗，管壁增厚，管腔内充满石灰样沉积物，甚至发生肾结石和输尿管阻塞；有些病例输尿管内充塞着已经变硬的灰白色尿酸盐所形成的柱状物，将其取出易折断并发出声响；严重病例在胸腹膜、心脏、肝脏、脾脏、肠浆膜表面、肌肉表面及气囊壁布满白垩粉末状或疏松的白色尿酸盐斑块（图7-2~图7-4）。

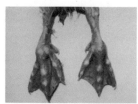

图7-1 病鹅关节肿胀、有尿酸盐沉积

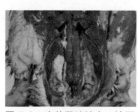

图7-2 病鹅肾脏肿大，输尿管中有白色尿酸盐

图7-3 病鹅心脏、肝脏表面有白色尿酸盐

图7-4 病鹅胃肠道表面有白色尿酸盐沉积，胃肠粘连

（2）关节型痛风　关节（多见于趾关节）滑膜和腱鞘、软骨、关节腔、关节周围组织、韧带等处，有白色的尿酸盐晶状物（图7-5）。有的病例的关节面及关节周围组织出现坏死、溃疡，有的关节面发生糜烂，有的呈结石样的沉积垢，称其为痛风石或痛风瘤。

图7-5　病鹅关节腔中有白色尿酸盐

类症鉴别

病名	与鹅痛风的相似点	与鹅痛风的不同点
鹅病毒性关节炎	二者均表现食欲减退，消瘦，贫血，关节肿胀，跛行	鹅病毒性关节炎的病原为呼肠孤病毒，病鹅喜坐于关节上，驱赶时勉强走动，重时单脚跳；剖检可见关节腔呈浅红色，滑膜囊充血、出血，关节腔有黄色或血色干酪样渗出物；酶联免疫吸附试验双抗体夹心法测试敏感
鹅滑液囊支原体感染	二者均表现关节肿胀，跛行，冠苍白，贫血，消瘦，粪中有大量的尿酸和尿酸盐	鹅滑液囊支原体感染的病原为滑液囊支原体；病鹅关节热肿、疼痛，呼吸型还有打喷嚏、咳嗽，流鼻液；剖检可见腱鞘、滑膜、骨关节发炎、有渗出性干酪样物，关节软骨糜烂，严重时头顶、颈上方出现干酪样物，肝脏、脾脏肿大；用0.02毫升的血清与等量抗原在玻璃板上混合，将玻璃板轻微转动观察凝集反应，若出现明显凝集颗粒或凝集块，则为鹅滑液囊支原体感染阳性
鹅弓形虫病	二者均表现厌食，消瘦，贫血，冠苍白，排白色稀粪，步态不稳	鹅弓形虫病的病原为弓形虫；病鹅震颤，痉挛性收缩，角弓反张，歪头转圈；剖检可见心室轻度扩张，心包有红色液体，外有圆形结节，腺胃壁增厚、有溃疡，小肠有结节且明显增厚，肝脏肿大、有凝固性坏死；用腹腔液涂片可见虫体
鹅钙、磷缺乏症	二者均表现关节肿大，跛行，生长缓慢，有的拉稀	鹅钙、磷缺乏症的病因是钙、磷缺乏和比例失调；病鹅走路僵硬，雏鹅喙、爪弯曲，肋骨末端有串珠小结节，产薄壳蛋、软壳蛋，后期胸骨呈"S"状弯曲；剖检可见骨体变薄、易折断

预防措施

降低饲料中动物性蛋白质尤其核蛋白的含量，注意各种营养物质的量和比例，添加多种维生素并给予充足的饮水，饮水中可加入肾肿解毒药。保持鹅舍通风良好。使用磺胺类药物时要防止过量，或使用时间过长。可加喂小苏打（碳酸氢钠）以免对肾脏造成伤害。

治疗
方法

对痛风目前尚没有特别有效的治疗方法。

1）对于已发病的鹅群可选用体内化解尿酸盐的解肾药物。

2）可试用别嘌醇 10~30 毫克，每天 2 次，口服 3~5 天为 1 个疗程。此药的化学结构与次黄嘌呤相似，是黄嘌呤氧化酶的竞争抑制剂，可抑制黄嘌呤的氧化，减少尿酸的形成。

3）在鹅群发病期间，适当降低日粮中的蛋白质含量，提高维生素特别是维生素 A 的含量，有助于缓解病情。

二、鹅脂肪肝综合征

鹅脂肪肝综合征又称脂肝病，是由于鹅体内脂肪代谢障碍，大量的脂肪沉积于肝脏，引起肝脏脂肪变性的一种内科疾病。

病因
分析

本病多发生于寒冷的冬季和早春，主要见于产蛋鹅群。

由于此季节天气寒冷，青绿饲料缺乏，鹅群多饲喂单一饲料稻谷，在产蛋季节，饲喂量充足，原放养鹅群采食量大，而且活动量比以前减少，容易使脂肪在体内沉积，肝脏发生脂肪变性，当人为强行追逐、捕捉鹅或在产蛋时受惊吓，易造成肝脏破裂而急性死亡。临床上所见的病例都是营养良好的产蛋母鹅。鹅脂肪肝综合征的发病原因主要有以下几方面。

1）饲料单一，长期饲喂碳水化合物含量过高的日粮，同时饲料中缺乏蛋氨酸、胆碱、生物素、维生素 E、肌醇等中性脂肪合成磷脂所必需的因子，造成大量的脂肪沉积于肝脏而产生脂肪变性。

2）缺乏运动或运动少，容易使脂肪在体内沉积，往往也是诱发本病的重要因素。

3）某些传染病和黄曲霉毒素等也可能引起肝脏脂肪变性。

症状
与
病变

发病鹅群营养良好，产蛋率不高，病鹅无特征性临床症状，常因肝脏破裂而急性死亡。

剖检可见皮肤、肌肉苍白，贫血，肝脏肿大，色泽变黄，质地较脆，有时表面有散在的出血斑点（图 7-6），常见肝包膜下（一侧肝叶多见）或体腔中有大量的血凝块，腹腔和肠系膜有大量

图 7-6　病鹅肝脏肿大，表面有大小不一的出血点

的脂肪组织沉着。若并发副伤寒，可见肝脏表面有散在的坏死灶。

病名	与鹅脂肪肝综合征的相似点	与鹅脂肪肝综合征的不同点
鹅腹水症	二者均表现腹大而柔软、下垂、喜卧	鹅腹水症的病因除日粮能量多、含脂肪和蛋白质多外，缺氧、寒冷也为致病因素；病鹅腹部膨大，触之松软有波动感，行动迟缓、蹒跚，常蹲伏，嗜睡，呼吸困难，捕捉时易抽搐死亡；剖检可见皮下明显瘀血，腹腔积有大量的纤维素或絮片的清亮、茶色或啤酒样积液，肝脏边缘钝圆，质地变硬，包膜增厚

1）合理调配日粮，适当控制鹅群稻谷的饲喂量。在饲料中添加多种维生素和微量元素，一般可预防本病的发生。

2）发病鹅群的饲料中可添加氯化胆碱、维生素 E 和肌醇。按每千克饲料加 1~1.5克氯化胆碱，10 国际单位维生素 E 和 1 克肌醇，连续饲喂数天，具有良好的治疗效果。

三、鹅腹水综合征

鹅腹水综合征又称鹅心衰竭综合征，是生产中一种常见的非传染性疾病，主要发生于生长速度较快的肉鹅。本病有较高的致死率，其特征为病鹅腹部胀大、下垂，腹腔积液，肝脏出现淀粉样变，肝实质变硬。

鹅经常发生腹水综合征，引起本病的因素是多方面的，一般认为与下列因素有关。

1）肉鹅摄食量大，基础代谢旺盛，高能量的日粮使肉鹅生长发育速度过速，对氧的需求量增加，倘若此时饲养密度过大、通风不良、育雏舍内二氧化碳或一氧化碳浓度过高，造成缺氧，促使细胞生成素增加，红细胞数量也增加，血液的黏稠度增高，肺血管收缩，从而使肺动脉压上升，右心负荷加重，造成右心肥大、衰竭，致使后腔静脉血液回流受阻，血浆液渗出，造成腹水增加。

2）缺乏维生素 E 及微量元素硒时，细胞膜和微细血管壁容易受脂肪过氧化物的损害，使腹膜及腹腔器官的细胞膜和微细血管壁疏松，体液渗出增多，形成腹水。

3）饲料中钠盐含量过高，日粮中谷物饲料发霉，肉骨粉或鱼粉霉败，从而产生大量霉菌毒素。

4）肝硬化或某些药物中毒。

50~60日龄以上的鹅发病较多，20~30日龄较少发生。

病鹅精神沉郁，食欲减退，腹部胀大、下垂，触摸有波动感，行动迟缓蹒跚，站立时如企鹅，腹部拖地，常蹲伏、嗜睡。呼吸困难，急促驱赶或免疫注射捕捉时，由于缺氧而突然抽搐倒地。

腹腔中积有大量透明、浅黄色、无特殊臭味的液体（腹水），并混有少量纤维状、絮状凝块（图7-7）；肝脏肿大或皱缩，质地坚实，其明显病变是淀粉样变，表面常有灰白色或浅黄色的胶冻样物附着；脾脏肿大；心包积液，右心室扩张，较柔软；肺严重瘀血、水肿（图7-8、图7-9）。

图7-7　病鹅腹腔中充满大量浅黄色腹水

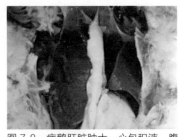
图7-8　病鹅肝脏肿大，心包积液，腹腔中充满浅黄色腹水

图7-9　病鹅肝脏肿大、硬化，脾脏肿大

病名	与鹅腹水综合征的相似点	与鹅腹水综合征的不同点
鹅伤寒	二者均表现羽毛松乱，翅下垂，腹部膨大，如企鹅样站立或走动（卵泡破裂引发腹膜炎）	鹅伤寒的病原为沙门菌，具有传染性；病鹅精神不振，排黄绿色稀粪，肛门处粘有污粪；剖检胸腔有积液，心包膜增厚，心管有血点，肝脏和胆囊肿大，充满大量的绿色油状胆汁，胆囊和黏膜粗糙并呈现坏死点，卵泡出血、变形
鹅脂肪肝综合征	二者均表现腹大而柔软、下垂，喜卧	鹅脂肪肝综合征是因长期给鹅饲喂单一的能量饲料，青绿饲料缺乏、放牧少、缺乏户外运动等诱发本病。病鹅通常体况良好而突然发生死亡，皮肤肌肉苍白、贫血；皮下、腹腔和肠系膜均有大量的脂肪沉积，腹腔内有大量的凝血块，或肝脏表面覆有血凝块（常以一侧肝叶多见）

鹅腹水综合征应以预防为主，对以往所养的鹅群，倘若曾经发生过腹水综合征，肝脏出现淀粉样变，就必须采取下列综合性预防措施。

1）改善饲养管理和环境卫生条件，饲养密度应合理，及时清理粪便，以减少氨气的刺激，育雏舍注意通风，避免饲喂发霉、高能量的饲料。

2）雏鹅放牧前，每千克饲料加入维生素 C 500 毫克、维生素 E 2 毫克、亚硒酸钠 0.1 毫克。

3）及时做好大肠杆菌病、鹅鸭疫里默氏菌病、小鹅瘟、禽流感及鹅副黏病毒病等疫苗的免疫接种工作。

一旦发生腹水综合征，难以治愈。发病后将病鹅进行隔离，大棚内粪便污物清理后，用 0.015% 的消毒王（主要成分为过氧化氢）稀释液进行喷洒消毒。

调整日粮配方，增加青绿饲料给量，饲料中加恩诺沙星 0.04%，水中添加 0.04% 维生素 C 饮水，连用 3 天。

对腹水严重的鹅同时采取中药治疗：将党参 45 克、黄芪 50 克、苍术 30 克、陈皮 45 克、术通 30 克、赤芍 50 克、甘草 40 克、茯苓 50 克组成方剂，经饲料机粉碎后，每天上午按每千克体重 1 克 1 次性拌料，连续饲喂。

四、鹅皮下气肿

鹅皮下气肿是雏鹅的一种常见疾病。本病多发生于 1~2 周龄以内的雏鹅，临床上常见于颈部皮下发生气肿，因此又称之为气嗉子或气脖子。

本病的发生，可见于粗鲁捕捉鹅时，致使其颈部气囊或锁骨下气囊及腹部气囊破裂，也可因其他尖锐异物刺破气囊或因肱骨、乌喙骨和胸骨等有气腔的骨骼发生骨折，均可使气体积聚于皮下，产生病理状况的皮下气肿，此外，呼吸道的先天性缺陷也可使气体溢于皮下。

病鹅颈部气囊破裂，可见颈部羽毛逆立，轻者气肿局限于颈的基部，严重病例可延伸到颈的上部，以至于头部并且在口腔的舌系带下部出现气肿（图 7-10）。若腹部气囊破裂或由颈部的气体蔓延到胸部皮下，则胸腹围增大，触诊时皮肤紧张，叩诊呈鼓音（图 7-11）。如不及时医治，气肿延续增大，病鹅表现精神沉郁，呆立，呼吸困难。饮、食欲废绝，衰竭死亡。

图 7-10　病鹅头颈部皮下气肿　　　图 7-11　病鹅皮下气肿

| 类症鉴别 | | | |

病名	与鹅皮下气肿的相似点	与鹅皮下气肿的不同点
鹅舟形嗜气管吸虫病	二者均表现颈部皮下气肿	鹅舟形嗜气管吸虫病的病原是舟形嗜气管吸虫；感染的病鹅有呼吸困难，咳嗽、甩头，消瘦；剖检病死鹅可见气管、支气管不同程度地充血、出血，气管内充满了粉红色的扁平虫体

防治措施

留意避免鹅群拥挤摔伤、骨折，捕捉或提拿鹅时切忌粗鲁、摔碰，以免损伤气囊。发生皮下气肿后，可用注射针头刺破膨胀的皮肤，使气体放出，但不久又可膨胀，故需多次放气才能奏效。最好用烧红的铁条在膨胀部烙个破口，将空气放出。因烧烙的伤口不易愈合，所以溢出气体可随时排出，缓解症状，并能逐渐痊愈。

需要注意，如果是骨折和呼吸道先天性缺陷引起的皮下气肿则无治疗价值，应及时予以淘汰。

五、鹅脚趾脓肿

病因分析

鹅脚趾脓肿又称趾瘤，是指鹅的趾关节、趾间或趾的皮下（蹼）组织因创伤而局部感染化脓性细菌致使组织坏死、增生，形成隆肿结节。一般多发生于体形大而重的鹅。鹅舍或运动场地面粗糙、坚硬，或放牧时经过不平整及存有大量瓦砾的牧道，也容易造成脚趾皮肤的损伤，感染化脓性细菌（尤其葡萄球菌）而导致发生本病。

临床症状　病鹅脚底皮肤损伤、发炎、化脓肿胀，大小如黄豆大到鸽蛋大（图 7-12）。炎症若继续发展，可扩展到脚趾间的组织，或沿着深部组织、关节和腱鞘发展。在肿胀部位的组织中，蓄积大量的炎症渗出物及坏死组织。经一段时间后，脓肿的内容物逐渐干燥，变成干酪样。也有的在脓肿溃烂之后形成溃疡面，使病鹅行走困难，由于疼痛，影响食欲，造成母鹅产蛋减少或停止。

图 7-12　病鹅脚底皮肤发炎，形成肿胀

类症鉴别　本病外观症状明显，易与其他病相区别。

防治措施　发病早期可以采取手术疗法，切开患部皮肤，排除脓液及坏死组织，用 1%~2% 乳酸依沙吖啶溶液或 3% 硼酸溶液清洗消毒患处，再涂上鱼石脂软膏，同时内服土霉素。病鹅停止放牧，单独饲养，每天护理 1 次，约 1 周可痊愈。

六、鹅中暑

中暑是日射病、热射病的总称，鹅可大群发生，雏鹅更常见。

病因分析　鹅在夏季烈日直射下或长时间在灼热的地面上，很容易发生日射病。热射病主要是由于在炎热的夏季，温度高，鹅舍过分拥挤，湿度大，通风不良，饮水不足，热量难以散发而引起。

症状与病变　热射病的病鹅表现呼吸急促，张口伸颈喘气，翅膀张开下垂，口渴，体温升高，随后出现眩晕，走路不稳或不能站立，虚脱，很快发生惊厥而死亡。日射病的病鹅一般先表现为烦躁不安，战栗，体温升高，随后出现昏迷、麻痹、痉挛、死亡。

剖检可见肺瘀血、水肿（图 7-13）；肝脏出血，呈暗红色；心脏周围的胸壁弥漫性出血（图 7-14）；腺胃变薄、水肿；大脑和脑膜充血（图 7-15）；全身静脉瘀血，血液凝固不良。

图 7-13 病鹅肺瘀血、水肿

图 7-14 病鹅肝脏出血，心脏周围的胸壁弥漫性出血

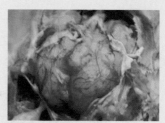
图 7-15 病鹅脑膜充血

病名	与鹅中暑的相似点	与鹅中暑的不同点
鹅食盐中毒	二者均表现意识障碍，瞳孔散大，皮肤发绀，卧地四肢划动，体温升高（41℃左右）	鹅食盐中毒是因饲料拌盐太多或用酱渣喂食后而发病；烦渴喜饮，兴奋时盲目前冲，有的角弓反张，抽搐震颤，有时昏迷，有的癫痫发作

预防措施

1）夏季放牧应早出晚归，避开中午酷热，放牧时走阴凉路。

2）夏季鹅舍要注意防暑降温，鹅群密度不宜过大，要通风换气，供足饮水，运动场要有凉棚。

治疗方法

一旦发生中暑，应立即进行急救。可把鹅群迅速赶下水，或将病鹅放入凉水盆内浸一会，以降低体温，促进恢复；或把鹅群赶到阴凉处，喂给大量饮用水。喂酸梅加红糖水更好；严重中暑的病鹅可服用十滴水 8~10 滴进行急救，或注射安钠咖 0.2 毫升。

七、鹅输卵管炎

病因分析

鹅输卵管炎的发生是由于蛋在输卵管中破裂，使输卵管受损。或因蛋过大（如双黄蛋）使输卵管损伤，细菌由泄殖腔逆行感染。此外，饲养管理差，饲喂的饲料中缺少维生素 A、维生素 D 等，都能引起鹅发病。本病常继发输卵管脱垂、蛋滞。

症状与病变

病鹅的输卵管中排出一种白色、脓样的炎性渗出物，肛门周围的羽毛被污染，产蛋困难，产出的蛋外壳上常带有血迹。严重时炎症可蔓延至腹腔而引起腹膜炎。

剖检可见输卵管充血、肿胀，严重的呈深红色或暗红色，局部高度扩张，管壁变薄，内有黄、白色脓样分泌物（图 7-16、图 7-17），黏膜有出血点；卵泡数量减少，卵泡变形，卵巢萎缩，肠系膜发生炎症，致使肠与肠及其他脏器相互粘连。

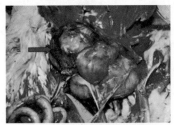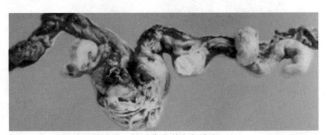

图 7-16　病鹅输卵管肿胀　　　　　图 7-17　病鹅输卵管肿胀，管腔中有黄白色渗出

　本病与鹅泄殖腔炎均表现肛门红肿，排出恶臭分泌物，肛门下方的羽毛被分泌物污染。但输卵管炎病鹅体温升高，产畸形蛋，蛋壳上有血迹，剖检可见腹膜炎。

　本病可用抗生素全身治疗，也可用温盐水、0.1% 高锰酸钾水溶液，或普息宁 1∶100 稀释，进行泄殖腔内冲洗，均有良好效果。

八、鹅输卵管脱垂

鹅输卵管脱垂也称输卵管外翻，是指输卵管脱出于肛门之外。母鹅常发生本病，尤以新留的高产母鹅多发。

　发生本病的主要原因是：

1）母鹅所产的蛋过大，因而过分用力努责而引起输卵管外翻。

2）产蛋过多，使输卵管黏膜分泌的一种能起润滑作用的分泌物减少，或饲料中维生素 A、维生素 D、维生素 E 不足，使输卵管黏膜上皮角质化，弹性降低。

3）母鹅在产出蛋的瞬间突然受到猛烈惊吓。

4）输卵管炎、泄殖腔炎及啄肛时，局部黏膜受刺激而强行努责，企图把肛门内的刺激物排出去，结果造成输卵管脱出。

临床症状

病鹅在肛门的外面脱出一段充血发红的输卵管或直肠或泄殖腔黏膜脱出时间稍长，可见黏膜水肿、呈暗紫红色（图7-18）。若感染细菌，则可引起发炎、溃烂或坏死，也常引起败血症而死亡。病鹅出现精神沉郁，不安，食欲减退等症状。

图 7-18　病鹅输卵管脱出，充血、出血，坏死

类症鉴别

本病与鹅泄殖腔脱垂的症状很相似，但本病脱出部分较泄殖腔脱垂多。

治疗方法

发现病鹅首先必须将其单独关养，防止其他鹅啄伤。如果发现得早，及时治疗，可以痊愈。一般采用以下方法。

1）将脱出的输卵管用0.1%高锰酸钾或2%乳酸依沙吖啶的冷溶液冲洗干净，涂上金霉素眼膏，然后把其轻轻地推进肛门里，用口袋缝合法暂时缝合肛门四周皮肤，并可往输卵管内注入些冷消毒液（或放入小冰块），以减轻组织充血和促进收缩，每天2~3次，或可塞入一粒抗生素胶囊，以减少细菌感染，也可以肌内注射庆大霉素或在饮水中加入抗菌药物。在2~3天内，只供应葡萄糖液，不喂饲料，减少排粪。经2~3天后拆线。倘若整复治疗后还会出现反复脱出，可考虑淘汰。

2）用1%的普鲁卡因溶液冲洗或浸渍脱出部分，并在肛门周围做局部麻醉，以减轻发炎和疼痛。把脱出部分冲洗后，涂以金霉素眼膏，整复后，在肛门周围皮肤缝几针（但要留一定通口让粪尿通过），防止继续脱垂。倘若在治疗期间母鹅继续产蛋，则上述方法的效果不好。如反复发作，则无治疗价值。

九、鹅阴茎垂脱

鹅阴茎垂脱，俗称"掉鞭"，是公鹅常见的生殖器官疾病，常因交配后未缩回之前，垂在体外，与地面或物体摩擦后破损感染细菌（特别是大肠杆菌、葡萄球菌等）而发炎或溃疡，以致不能缩回泄殖腔，这种公鹅不能留作种用。

病因分析

1）鹅群中的公、母鹅在陆地上交配时，其他公鹅"争风吃醋"，追逐并啄正在交配中的公鹅阴茎，或公鹅交配后阴茎未缩回泄殖腔之前与地面发生摩擦，致使其阴茎受伤，出血，感染细菌后发炎、水肿，甚至溃疡而无法缩回。

2）公鹅在寒冷的天气配种时，阴茎伸出后被冻伤，不能缩回，因而失去配种能力。

3）公鹅在水上交配时，由于阴茎露出后被蚂蟥、鱼类咬伤，或因公、母比例不当，公鹅交配频繁而使阴茎受损感染细菌而发炎。

4）在母鹅非产蛋期间，没有提早给公鹅补料而致其营养不良，降低了性欲，阴茎疲软，造成阳痿。或因公鹅过老，性欲自然减退。

临床症状

病鹅表现精神萎靡不振，行动缓慢，食欲减退，倘若体温升高至43℃以上者，则食欲完全废绝，2~3天后死亡。

在发病初期，阴茎严重充血，比正常肿大2~3倍，看不清阴茎的螺旋状精沟，在阴茎表面可见到芝麻至黄豆大的黄色干酪样结节。严重病例可见阴茎肿大3~5倍，呈黑色结痂状，有部分露在体外，表面有数量不等、大小不一的黄色脓性或干酪样结节，剥除结痂，可见出血的溃疡面（图7-19）。

因交配频繁而造成垂露，阴茎呈苍白色，或公鹅性欲减退，阳痿，爬跨后不见伸出阴茎。

类症鉴别

本病外观症状明显，易与其他病相区别。

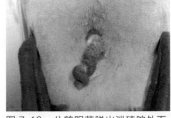

图7-19　公鹅阴茎脱出泄殖腔外面，不能缩回

预防措施

平时应注意饲料要配合恰当，在母鹅产蛋期到来之前，公鹅要提早补料。公、母鹅比例合理，一般公、母鹅的比例为1:（4~6）。公鹅过多，不仅浪费饲料，而且还会发生"争风吃醋"，互相追逐，互相啄咬阴茎的恶癖。鹅群应在产蛋前注射大肠杆菌灭活苗。搞好场内的清洁卫生。

治疗方法

1）当公鹅阴茎受伤不能缩回时，应及时将病鹅隔离饲养，用0.1%高锰酸钾溶液冲洗干净，涂以磺胺软膏，将其整复。

2）当公鹅阴茎受冷不能缩回时，应及时用温水湿敷，然后用0.1%高锰酸钾溶液冲洗干净，涂上鱼石脂软膏，矫正其位置。

若无治疗价值，应及时淘汰。

十、鹅泄殖腔炎

病因分析　鹅泄殖腔炎是指泄殖腔和肛门部分发生的溃疡性炎症，大多由于受损部位被细菌感染或脱垂时间较长被感染而引起。

临床症状　病鹅往往散发较难闻的臭气，肛门中常流出一种恶臭气味的白色黏稠分泌物，泄殖腔红肿，边缘有伪膜形成，肛门周围羽毛被污染，严重时肛门周围的组织发生溃烂脱落，形成溃疡面。炎症可以蔓延到直肠黏膜。由于炎症的刺激而频频努责，从而引起泄殖腔脱垂（图 7-20）。

类症鉴别　本病与输卵管炎均有肛门红肿、排出恶臭分泌物等症状，诊断时要根据它的临床症状、剖检等特征认真鉴别。

预防措施　平时应注意保持环境卫生，定期消毒，减少感染源，同时加强饲养管理，增强鹅体抵抗力。

图 7-20　病鹅泄殖腔脱垂

治疗方法　发现病鹅，应立即隔离饲养，先把肛门炎性坏死组织除去，伤口用温和的 2% 乳酸依沙吖啶溶液或 0.1% 高锰酸钾溶液或 2% 硼酸溶液冲洗，再涂上鱼石脂软膏或抗生素软膏，每天 2~3 次，连续治疗 3~4 天可痊愈。必要时肌内注射抗生素，腔内灌注结合治疗。

十一、鹅啄癖

啄癖是由于饲养管理、营养或疾病等因素引起机体代谢机能发生紊乱所造成鹅只之间相互啄食羽毛或组织器官的一种疾病，任何日龄、品种的鹅都会发生。一般表现为啄羽、啄肛及啄蛋等，造成创伤，甚至引起死亡。

病因分析　**（1）饲养管理因素**　密度过大，鹅群异常拥挤，饲料或饮水槽不足，导致强者抢食，弱者受强者追逐、被啄，从而造成鹅群中出现啄癖；若舍内的湿度过高，会加重啄癖的发生；产蛋初期，强烈光照会使鹅肛门紧缩而导致微血管出血引起啄肛；刺眼的光束及折射光也可导致啄癖的发生。舍内温度过高，灰尘太多，通风换气不良，氨气、硫化氢和二氧化碳等有害气体过多，均会破坏鹅的生理平衡，造成鹅烦躁不安，相互追啄。

（2）**营养因素**　日粮中缺乏蛋白质或某些氨基酸往往可引发鹅的啄肛；饲料中粗纤维含量过低，饲料的营养浓度过大，胃肠蠕动减弱，胃肠道空虚产生饥饿感可引起啄羽、啄肛等恶癖；粗纤维过多，可导致鹅特别是雏鹅的消化不良、腹泻，继发啄癖。

钠、铜、钴、锰、钙、铁、硫和锌等矿物质不足或比例失调而不能满足机体的需要，使新陈代谢发生紊乱也可能成为异食癖的病因，尤其是钠盐不足易使鹅喜啄食带咸味的血迹等；食盐缺乏是诱发鹅啄羽、啄肛、啄蛋的主要原因。

（3）**疾病因素**　某些疾病，特别是沙门菌病、大肠杆菌病及禽流感等引起的卵巢、输卵管和泄殖腔发炎，因炎症产物对局部的刺激，病鹅为排出刺激物常不断地努责，可造成脱肛，同时由于炎症使这些部位机能发生障碍，产蛋时也易造成脱肛。某些疾病或生理性因素引起的长时间腹泻脱水，导致输卵管黏膜润滑度降低，生殖道干涩，鹅产蛋时强烈努责而脱肛。脱肛后，极易发生啄癖。

（4）**遗传因素**　有的品种鹅生性好斗，也是引起啄癖的一个原因。如莱茵鹅、朗德鹅发生啄癖的现象远远多于籽鹅、豁鹅等品种。

临床症状

（1）**啄肛癖**　成年鹅、雏鹅均可发生，但育雏期的雏鹅多发。表现为一群鹅追啄某一只鹅的肛门，造成其肛门受伤出血，严重者直肠或全部肠子脱出，被食光（图7-21）。

（2）**啄趾癖**　多发生于雏鹅，它们之间相互啄食脚趾而引起出血和跛行，严重者脚趾被啄断。

（3）**啄羽癖**　也叫食羽癖，多发生于产蛋盛期和换羽期，表现为鹅相互啄食羽毛，情况严重时，有的鹅背上羽毛全部被啄光，甚至有的鹅被啄伤致死（图7-22）。

（4）**食蛋癖**　多发生于平养鹅的产蛋盛期，常由软壳蛋被踩破或偶尔巢内地面打破一个蛋开始。表现为鹅群中某一只鹅刚产下蛋，就相互争啄鹅蛋。

（5）**异食癖**　表现为群鹅争食某些不能吃的东西，

图7-21　鹅啄肛癖

图7-22　鹅啄羽癖

如砖石、稻草、石灰、羽毛、破布、废纸、粪便等。

本病外观症状明显，易与其他病相区别。

（1）**加强饲养管理**　控制好鹅群的饲养密度，避免过分拥挤，严格控制好鹅舍的温、湿度；注意鹅舍的通风换气，保证舍内空气良好，防止有害气体过多；制定科学的光照制度，保证适宜的光照时间和光照强度；防止笼具等设备引起鹅的外伤，在种鹅产蛋高峰期，勤捡种蛋。

（2）**保证营养的供给**　按照鹅生长发育的特点、需要，制定日粮配方，保证其科学、合理、全价。

此外，要防止各种疾病的发生。

1）及时移走啄咬倾向较强的鹅，隔离被啄鹅只，在被啄的部位涂擦甲紫、黄连素等苦味强烈的消炎药物，一方面消炎，另一方面还可使鹅知苦而退。也可用废机油涂于易被啄部位，利用其难闻的气味来防止啄癖的发生，以控制啄癖的进一步蔓延。

2）对被啄肛门轻度者，可及时将其隔离，用0.1%的高锰酸钾水清洗患部，其后再涂以磺胺软膏或擦抹甲紫溶液。如果直肠或子宫已脱出，发生水肿或坏死，则做淘汰处理。

3）已形成啄癖的鹅群，可将舍内光线调暗或采用红色光照，也可将瓜藤、块茎类饲料和青菜等放在舍内任其啄食、以分散其注意力。

参考文献

［1］菅复春.鸭鹅场多发疾病防控手册［M］.郑州：河南科学技术出版社，2011.

［2］焦库华，陈国宏.科学养鹅与疾病防治［M］.北京：中国农业出版社，2001.

［3］周新民，黄秀明.鹅场兽医［M］.北京：中国农业出版社，2008.

［4］孙卫东，蒋加进.鸭鹅病快速诊断与防治技术［M］.北京：机械工业出版社，2014.

［5］孙卫东，李银.鸭鹅病诊治原色图谱［M］.北京：机械工业出版社，2018.

［6］赵朴，王方明，赵秀敏.鹅类症鉴别诊断及防治［M］.北京：化学工业出版社，2018.

［7］刁有祥.鹅病图鉴［M］.北京：中国农业科学技术出版社，2019.

［8］傅光华，江斌，程龙飞.常见鸭鹅病诊断与防治技术［M］.北京：化学工业出版社，2020.